交叉学科研究生高水平课程系列教材

海洋作业系统
控制原理与实践

HAIYANG ZUOYE XITONG KONGZHI YUANLI YU SHIJIAN

主　编／唐国元　　王建军

U0362914

华中科技大学出版社
http://www.hustp.com
中国·武汉

内 容 简 介

本书围绕典型海洋作业系统,介绍了相应的基础控制理论及其在典型海洋作业系统中的具体应用;重点介绍了船舶甲板吊放装备的升沉补偿系统的原理与建模方法、控制系统的分析与设计方法,水下航行器建模与控制方法设计,以及水下机械臂的建模与位置控制方法设计;最后,介绍了实验系统及相应的实验方法。

全书共分为 6 章,在素材选取和体系构造上,能满足船舶与海洋工程专业高年级本科生和研究生的教学需要。本书也可供从事船舶与海洋装备开发研究、设计及生产的工程技术人员参考。

图书在版编目(CIP)数据

海洋作业系统控制原理与实践/唐国元,王建军主编. —武汉:华中科技大学出版社,2021.9
ISBN 978-7-5680-7534-3

Ⅰ.①海…　Ⅱ.①唐…　②王…　Ⅲ.①海洋工程-作业管理-研究　Ⅳ.①P75

中国版本图书馆 CIP 数据核字(2021)第 190788 号

海洋作业系统控制原理与实践　　　　　　　　　　　　　唐国元　　王建军　主编
Haiyang Zuoye Xitong Kongzhi Yuanli yu Shijian

策划编辑:余伯仲
责任编辑:程　青
封面设计:杨玉凡　　廖亚萍
责任监印:周治超
出版发行:华中科技大学出版社(中国·武汉)　　电话:(027)81321913
　　　　　武汉市东湖新技术开发区华工科技园　　邮编:430223
录　　排:华中科技大学惠友文印中心
印　　刷:武汉科源印刷设计有限公司
开　　本:787mm×1092mm　1/16
印　　张:10
字　　数:248 千字
版　　次:2021 年 9 月第 1 版第 1 次印刷
定　　价:39.80 元

交叉学科研究生高水平课程系列教材
编委会

总序
══ Zongxu

　　2015 年 10 月国务院印发《统筹推进世界一流大学和一流学科建设总体方案》,2017 年 1 月教育部、财政部、国家发展改革委印发《统筹推进世界一流大学和一流学科建设实施办法(暂行)》,此后,坚持中国特色、世界一流,以立德树人为根本,建设世界一流大学和一流学科成为大学发展的重要途径。

　　当代科技的发展呈现出多学科相互交叉、相互渗透、高度综合以及系统化、整体化的趋势,构建多学科交叉的培养环境,培养复合创新型人才已经成为研究生教育发展的共识和趋势,也是研究生培养模式改革的重要课题。华中科技大学"交叉学科研究生高水平课程"建设项目是华中科技大学"双一流"建设项目"拔尖创新人才培养计划"中的子项目,用于支持跨院(系)、跨一级学科的研究生高水平课程建设,这些课程作为选修课对学术型硕士生和博士生开放。与之配套,华中科技大学与华中科技大学出版社组织撰写了本套交叉学科研究生高水平课程系列教材。

　　研究生掌握知识从教材的感知开始,感知越丰富,观念越清晰,优秀教材使学生在学习过程中获得的知识更加系统化、规范化。本套丛书是华中科技大学交叉学科研究生高水平课程建设的重要探索。不同学科交叉融合有不同特点,教学规律不尽相同,因此每本教材各有侧重,如:《学习记忆与机器学习》旨在提高学生在课程教学中的实践能力和自主创新能力;《代谢与疾病基础研究实验技术》旨在将基础研究与临床应用紧密结合,使研究生的培养模式更符合未来转化医学的模式;《高分子材料 3D 打印成形原理与实验》旨在将实验与成形原理呼应形成有机整体,实现基础原理和实际应用的具体结合,有助于提升教学质量。本套丛书凝聚着编者的心血,熠熠生辉,此处不一一列举。

　　本套丛书的编撰得到了各方的支持和帮助,我校 100 余位师生参与其中,涉及基础医学院、机械科学与工程学院、环境科学与工程学院、化学与化工学院、药学院、生命科学与技术学院、同济医院、人工智能与自动化学院、计算机科学与技术学院、光学与电子信息学院、船舶与海洋工程学院以及材料科学与工程学院 12 个单位的 24 个一级学科,华中科技大学出版社承担了编校出版任务,在此一并向所有辛勤付出的老师和同学表示感谢! 衷心期望本套丛书能为提高我校交叉学科研究生的培养质量发挥重要作用,诚恳期待兄弟高校师生的关注和指正。

解孝林

2019 年 3 月于喻园

前言
Qianyan

随着我国海洋开发与探测领域的扩展,各种新型构型结构及相应的动力与控制方式不断涌现,海洋作业方法和手段也不断丰富,这些都对动力学与控制问题的研究提出了更高的要求,推动着船舶与海洋工程学科的不断发展。船舶与海洋工程中的动力学与控制问题,直接关系到运动、控制与作业性能的改进。

20世纪中期开始的新技术革命是多学科交叉与结合的结晶。由于交叉学科方兴未艾,世界从来没有像今天这样瞬息万变、日新月异。可以说,交叉学科的产生与发展是经济、社会的必然要求和结果。人才在知识结构、能力结构、素质结构方面应具备什么样的水准,设置什么样的课程体系和教学内容,才能与交叉学科的发展要求相适应,是人才培养及教材编写需要注意的问题。

基于上述背景,本书是一本结合海洋作业领域理论与实践且具有交叉学科创新人才培养特色的教材,将基本控制理论与典型海洋工程作业系统相结合,并结合相应实验系统,介绍相应的调试、试验等实践过程。

全书共分为6章。第1章绪论;第2章重点介绍现代控制理论基础知识,包括状态空间模型、系统的能控性及能观测性、系统的稳定性,以及控制系统的综合与设计;第3章介绍升沉补偿作业控制,内容包括升沉补偿系统原理、模型建立以及控制原理、控制器设计;第4章介绍水下航行器控制,包括航行器的模型建立,并结合一种新型姿态控制方式,介绍水下航行器的控制器设计方法;第5章介绍水下作业机械臂的模型建立及控制方法,特别是考虑在存在水下干扰的情况下,机械臂控制器的设计方法;第6章介绍了相应的实验系统。

本书由唐国元、王建军担任主编,可作为普通高校船舶与海洋工程专业高年级本科生、交叉学科研究生专业教材,也可供从事相关工程的技术人员参考。

本书是在华中科技大学创新研究院以及船舶与海洋工程学院的大力支持下编写的,并承蒙多位同行的帮助,谨在此一并表示深切的谢意。

限于编者的学识与水平,疏漏和不妥之处在所难免,敬请读者批评指正。

编　者
2021 年 4 月于华中科技大学

目录
Mulu

第 1 章
绪　　论

1.1　海洋作业的基本内容

　　海洋是孕育生命的摇篮、储藏资源的宝库、交通运输的要道,是人类可持续发展最具潜力的开发空间。随着人类探索范围的不断扩展,海洋作业成为人类探索和开发海洋必不可少的环节。根据人类海洋活动的目的不同,海洋作业方法及作业装备也不同。海洋作业包括海洋调查及观测作业、海洋勘探作业、海洋油气作业、海洋捕捞作业等。这些作业的共同点是作业时必须有效适应海洋环境,在风、浪、流等载荷或干扰的作用下,有效达成作业目标,这无疑增加了海洋作业的难度,特别是提高了对海洋作业控制系统的要求。

　　海洋调查是用各种仪器,对海洋的物理学、化学、生物学、地质学、地貌学、气象学及其他海洋状况进行调查。它是进行海洋研究的前提与手段。海洋调查一般是在选定的海区、测线或测点上布设、使用适当的仪器设备,获取海洋环境要素,为揭示阐明其时空分布和变化规律提供数据,而海洋环境要素的时空分布和变化规律可为海洋科学研究、海洋资源开发、海洋工程建设、航海安全保证、海洋环境保护、海洋灾害预防提供基础资料和科学依据。

　　目前全球海洋观测已从不连续的船基或岸基考察转变成连续原位实时观测。沿海发达国家或地区开发先进技术和装备进行海洋观测,综合运用卫星、飞机、船舶、水下滑翔器、浮(潜)标等先进技术手段和装备,对海洋动力环境、海洋生态、海洋地质、海洋生物资源等进行跨地区、跨部门、长期、连续的观测。同时,整合本国或本地区现有海洋观测站点,建立海洋观测和防灾减灾等多功能一体化的业务化海洋观测网络,为用户和大众提供数据和资料服务。此外,沿海发达国家或地区拥有科学合理的管理制度,包括严密的组织构架、成熟的海洋观测资料共享体系及即时有效的海洋预报服务机制。总体来说,国际海洋观测系统已步入业务化、立体化观测时代。

　　随着对先进装备的研究和在该领域的自我发展与创新,我国已具备生产高水平海洋石油装备的技术。海洋石油装备主要包括海洋石油钻井平台和海洋石油支持船等。近年来,我国大力发展海洋石油产业,海洋石油钻井平台和海洋石油支持船已粗具规模,具有在浅水、深水、超深水作业的能力。先进的海洋石油装备为我国海洋石油产业的发展提供了坚实的物质基础,但与海洋石油装备相匹配的作业人才的缺乏问题也逐渐凸显,成为制约我国海洋石油产业发展的一大因素。其具体作业方式有海洋钻采作业、石油平台起重吊放作业、石油工程船舶起抛锚作业等。

1.2　几种典型的海洋作业装备

1.2.1　升沉补偿作业系统

1) 主动式升沉补偿作业系统

主动式升沉补偿技术是利用传感器测出负载实际位移，并将此位移信号反馈至控制器，由控制器计算出执行机构所需执行位移与角度，从而主动调整执行机构的状态，实现主动补偿。主动补偿的优点是补偿率较高、响应频带宽，但是结构复杂、维护困难、成本高、能耗较大。

英国 PSSL 公司曾开发主动补偿技术，设计的电动补偿绞车如图 1-1 所示，其工作原理如图 1-2 所示。该方法具备如下特点：吊索的收放控制是利用吊放点的升沉运动进行计算实现的，由于需要测量吊放点的上下运动，因此需具备精确的传感器；负载和绞车的质量大、惯性大，因此对控制系统的快速性要求很高；系统集成度高、操作方便、应用简单，同时需要特殊定制的绞车，因而通用性较差。

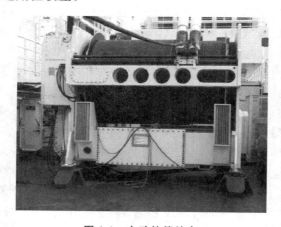

图 1-1　电动补偿绞车

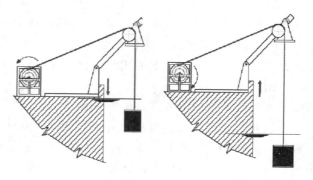

图 1-2　主动式升沉补偿原理示意图

　　由于现代科技的发展,传感器的精度越来越高,在工程项目中的应用也愈加广泛。传感器的普及与性能的提升也促使主动式升沉补偿系统得到越来越广泛的应用。主动式升沉补偿系统利用传感器测出母船升沉运动的加速度来预报其运动,从理论上来说能达到较高的精度和补偿率,并在任何海况下都适用。但它需要传感器、执行器、计算机,同时其价格昂贵,并要求以上设备均能提供准确的数据以达到较好的响应效果,这大大增加了系统的成本和复杂性。即,开发人员需要对此类系统的动力学特性进行详细的分析和严密的计算,以进行合适的控制系统优化,并根据不同的海况计算出相应的控制器参数。若其中某一个环节出现问题或者控制器参数调整不佳,该系统的性能就会大打折扣,甚至出现负补偿的现象。为了充分分析此类系统的动力学特性,F. R. Driscoll 等充分考虑了脐带缆弹性,并建立了精确的离散模型。此外,控制系统的设计也是一个研究的重难点,比如 PID 控制、鲁棒控制、模糊控制以及非线性控制等。

　　2)被动式升沉补偿作业系统

　　被动式升沉补偿技术是在系统中加了吸收能量的装置,通过吸收动力达到缓冲与补偿效果,类似弹簧的作用,具有结构简单、成本低等优点,是目前国际上应用较多的技术,但其补偿率相对主动式升沉补偿系统较低。图 1-3 所示为使用该技术的 ROV 吊放绞车。

图 1-3　使用被动式升沉补偿技术的 ROV 吊放绞车

　　由于被动式升沉补偿系统的动力学特性相对主动式升沉补偿系统的较简单,成本较低,因此得到了广泛的应用。除了水下机器人的吊放系统,被动式升沉补偿系统还广泛应用于深海拖曳系统、深海采矿设备、海洋特种起重设备、疏浚设备和海上补给设备等。被动式升沉补偿器的研制需要解决的最重要问题是蓄能器体积问题,蓄能器体积应足够大,以使补偿器具备足够小的弹性刚度和足够强的吸收张力的能力,从而使被动式升沉补偿器能够适应大范围的波浪周期。针对这个问题,Wilde Bob 和 Ormond Jake 提出将补偿系统置于水下以节省甲板面积,而通过增设补偿油缸来抵消由此引起的静水压力,这可使系统的自然周期达到 20 s,对绝大多数海况都能实现高效的补偿。另外,水下机器人所处深度的不同会导致补偿器的外负载力不一样,应当调节被动式升沉补偿器的气压来实现动力平衡。为解决这一问题,Frederick R. Driscoll 等人提出用与中继器铆接的补偿器来代替置于甲板上的补偿器。Andreas Huster、Hans Bergstron 等人则详细考虑了系统摩擦力、阻尼、滑轮惯性、气瓶容积等因素对补偿率的影响。

3) 国外产品及应用情况

国外对升沉补偿的研究较早,并已提出应用于海底作业的升沉补偿装置。国外已实现被动式升沉补偿技术的产品化,主要分为两类产品:深海钻柱升沉运动补偿系统和船舶起重机升沉补偿系统。其他如博世力士乐公司也声称已研发出主动式升沉补偿技术的产品。

深海钻柱升沉运动补偿系统与张紧器产品主要集中于美国 NOV 集团、卡麦隆(Cameron)公司、挪威海事液压工程公司和挪威液力提升公司等,其主要作用是补偿浮动式钻井平台下钻柱因波浪和潮汐作用产生的升沉运动,并保持和调节钻压,延长钻头寿命。

美国 NOV 集团的游车被动式钻柱升沉运动补偿系统的额定补偿能力包括 1780 kN、2670 kN 和 3560 kN。其优点是不需加主体、管线短、成本低,但是需要特制天车并且天车顶部较高,安装与维修很不方便。

卡麦隆公司生产的钻柱升沉运动补偿系统主要用于深水和超深水的钻柱升沉运动补偿,挪威海事液压工程公司及挪威液力提升公司生产的钻柱升沉运动补偿系统特点与美国 NOV 集团产品类似。

荷兰豪氏威马(Huisman)公司生产的起重机升沉补偿系统具备主动补偿功能,载荷范围为 50~5000 t,是世界上最大的重型起重设备生产厂家。

1.2.2 水下航行器

水下航行器是水下观测作业、取样作业、救援作业等的载体,其与水下作业工具(如机械臂)一起组成水下作业系统。水下航行器的控制性能是其实现功能的保障,姿态控制的性能是决定其功能实现效果的关键之一,优越的控制性能会扩展水下航行器的应用范围,提升水下航行器的功能。因此,发展新型水下航行器姿态控制系统是海洋装备发展的重要一环,对我国海洋资源开发与海洋权益保护有着重要意义。目前,随着海洋开发领域的扩展,水下航行器正朝着专业化、深度化、作业任务复杂化的方向发展,这些都对水下航行器的控制性能提出了更高的要求。水下作业机器人的主要任务是海洋装备安装与维修,在某些控件狭窄、障碍较密集的地方,其姿态控制就要求回转半径小、运动精度高。对于鱼雷、潜艇等水下兵器,其姿态控制不仅对控制精度有要求,对机动性、快速性以及振动噪声也有严格的要求。

在海洋环境中,水下航行器直接被海水所包裹,存在深海压力、海水腐蚀和复杂水动力等诸多不利因素。现有的水下航行器姿态控制基本上采用舵和桨,但是舵和桨本身的特性使得这种姿态控制执行机构存在诸多固有的缺点。舵和桨安装于航行器外部,直接与海水接触,必须有效密封且一直受到海水腐蚀的影响。只有航行器达到一定的航速时,舵机才能有效地控制水下航行器的姿态,在航行器低速时舵效几乎消失,而螺旋桨在低速时效率更高。舵和桨依靠与流体的相互作用而产生动力,因此容易受到水动力的影响,在复杂流场环境中难以做到精确的姿态控制。对于鱼雷、潜艇等兵器来说,舵和桨直接与流体作用会带来振动和噪声,影响隐身性能。

针对上述问题,一种新型内置式的水下航行器姿态控制执行机构应运而生,本书主要内容是为该执行机构设计控制系统。考虑到一些水下航行器对姿态控制的要求更高,以及舵和桨作为姿态控制执行机构所存在的不足,本书拟开发一种内置式的姿态控制执行机构——框架控制力矩陀螺群(control moment gyro system,CMGs),如图 1-4 所示,即利用旋转装置陀螺效应产生的附加力矩控制航行器姿态。单个框架控制力矩陀螺(control moment gyro,CMG)由框架和支撑在框架上可以转动的陀螺转子组成,若干个框架控制力矩陀螺按照一定的构型组合在一起便组成了 CMGs。由于 CMGs 提供的力矩是由自身陀螺转子的陀螺效应产生的,不需要与流场相互作用,因此可以将 CMGs 内置于航行器内。控制力矩陀螺作为一种姿态控制执行机构,在航天工程中早已广泛应用,取得了很好的姿态控制效果。2011 年,我国发射的天宫一号目标飞行器,首次成功采用了控制力矩陀螺作为姿态控制执行机构,顺利完成了交会对接任务。控制力矩陀螺是内置式姿态控制执行机构,相比传统的舵和桨的姿态控制执行机构有诸多优势。执行机构内置,不与海水接触,就不存在海水腐蚀、密封和水动力作用于执行机构的问题。控制力矩陀螺包含在航行器里面,不破坏航行器外壳的水动力完整性,输出力矩直接作用于航行器,不依赖流体运动。国内使用控制力矩陀螺作为姿态控制执行机构起步较晚,国内外对 CMG 在水下航行器姿态控制上的研究比较少,目前尚处于理论研究与试验阶段。对利用控制力矩陀螺控制水下航行器姿态展开理论分析、模型试验和应用研究,有利于推进水下航行器运动控制相关技术发展,并形成一系列具有自主知识产权的产品,可以为后续利用 CMG 控制水下航行器姿态的研究及应用开发提供丰富的理论和试验数据。本书所设计的控制力矩陀螺执行机构控制系统是该试验模型的重要组成部分,是试验能否可靠进行的关键之一。

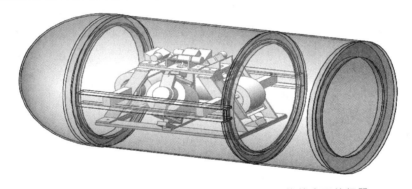

图 1-4 以控制力矩陀螺群为姿态控制执行机构的水下航行器

1.2.3 水下机械臂作业系统

水下机械臂是深海油气开发不可缺少的作业工具,在海洋油气开采领域,水下机器人已被国内外广泛采用。在安装和调试水下装备过程中,水下机器人起着重要作用。安装在 ROV(remotely operated vehicles)或者 AUV(autonomous underwater vehicles)上的机械臂,在固定或者悬浮状态下完成相关作业,如焊接、对阀件进行旋动或者插拔动作等。开发一种灵活的、适合深海作业的机械臂对深海资源开采与勘探有着重要的意义。

水下机械臂的发展与水下潜航器的发展密不可分,我国的潜水器研究工作起步相对较晚,在研究的深度和广度方面与国外还有一定的差距。我国从 20 世纪 70 年代开始较大规模地开展潜水器研究工作,经过多家单位几十年的不懈努力,已在潜水器的开发、水下机械臂的控制方面取得了较大的成果。在 863 计划实施以前,我国潜水器以有缆控制潜水器为主,最大潜深 300 m 以内,没有搭载机械臂,并不具备足够的作业能力。随着 863 计划的实施,研究的重点开始转向无缆水下机器人,由于没有电缆的制约,无缆技术为水下机器人走向深海提供了条件。1995 年,中国第一套 6000 m 无缆水下机器人 CR-01 成功海试,水下机械臂系统此后得到了快速发展。中国科学院沈阳自动化研究所承担了 863 计划项目"水下虚拟遥控操作及监控机械臂系统",对遥控式水下机械臂及相关技术进行了研究,在此基础上于 2005 年成功研制出三功能水下机械臂,搭载在配套的水下机器人上。哈尔滨工程大学在 1995 研制出了一款具有工具库和自动转接功能的水下机械臂 SIWR-Ⅱ。由华中科技大学研制的"8A4""鱼鹰Ⅰ号"型潜水器搭载了不同用途的机械臂,可用于打捞、采样及维修等。此外,华中科技大学还成功研制了另一款水下机械臂 HUST-8FSA,在密封、耐压、手动和自动控制方式等一些关键技术问题上取得了突破。浙江大学开发了一款采用仿形手柄操作的 7 功能机械臂,可装载于深海载人潜水器上,该机械臂作业深度可达 7000 m。2010 年,由中国科学院沈阳自动化研究所、中国船舶重工集团公司第 702 研究所、中国科学院声学研究所等 100 多家科研单位和企业联合开发的重大项目"蛟龙号深海载人潜水器"成功完成深海测试,至此我国成为世界上第五个掌握 3500 m 以上深海载人深潜技术的国家,蛟龙号前端两侧各配备了一套 7 功能机械臂,在水下科考中发挥了重要作用。

虽然我国目前搭载机械臂的水下航行器通过遥控操作可以完成大量的水下任务,但在作业精度和复杂环境中的作业能力方面还存在较大不足,在完成水下任务时需要操作人员具备十分专业的技能。太空作业水下模拟训练机械臂系统的发展,对水下机械臂的设计提出了更高的要求,对水下机械臂动力学建模和系统控制进行深入的研究显得尤为重要,刚柔耦合建模问题、振动控制问题以及位置控制问题等是水下模拟训练机械臂系统研究领域的核心问题。

第 2 章
现代控制理论基础

2.1　系　统　描　述

经典控制理论是建立在系统的输入-输出关系或传递函数的基础之上的,而现代控制理论以 n 个一阶微分方程来描述系统,这些微分方程又组合成一个一阶向量-矩阵微分方程。应用向量-矩阵表示方法,可极大地简化系统的数学表达式。状态变量、输入或输出数目的增多并不增加方程的复杂性。事实上,分析复杂的多输入多输出系统,仅比分析用一阶纯量微分方程描述的系统在方法上稍复杂一些。

本书主要涉及控制系统的基于状态空间的描述、分析与设计。本章将首先给出状态空间方法的描述,以单输入单输出系统为例,给出适用于包括多输入多输出或多变量系统在内的状态空间表达式的一般形式、线性多变量系统状态空间表达式的标准形式(相变量、对角线、Jordan、能控与能观测)、传递函数矩阵,以及利用 MATLAB 进行各种模型之间的相互转换。

2.1.1　状态空间表达式

获得传递函数的状态空间表达式有多种方法。本节将介绍状态空间的能控标准形、能观测标准形、对角线标准形与 Jordan 标准形,在例题中将讨论由传递函数获得这些状态空间表达式的方法。

1. 状态空间表达式的标准形式

考虑由下式定义的系统:

$$y^{(n)} + a_1 y^{(n-1)} + \cdots + a_{n-1}\dot{y} + a_n y = b_0 u^{(n)} + b_1 u^{(n-1)} + \cdots + b_{n-1}\dot{u} + b_n u \qquad (2\text{-}1)$$

式中:u 为输入,y 为输出。该式也可写为

$$\frac{Y(s)}{U(s)} = \frac{b_0 s^n + b_1 s^{n-1} + \cdots + b_{n-1} s + b_n}{s^n + a_1 s^{n-1} + \cdots + a_{n-1} s + a_n} \qquad (2\text{-}2)$$

下面给出由式(2-1)或式(2-2)定义的系统状态空间表达式的能控标准形、能观测标准形、对角线标准形和 Jordan 标准形。

1) 能控标准形

状态空间表达式的能控标准形为

$$
\begin{bmatrix} \dot{x}_1 \\ \dot{x}_2 \\ \vdots \\ \dot{x}_{n-1} \\ \dot{x}_n \end{bmatrix} = \begin{bmatrix} 0 & 1 & 0 & \cdots & 0 \\ 0 & 0 & 1 & \cdots & 0 \\ \vdots & \vdots & \vdots & & \vdots \\ 0 & 0 & 0 & \cdots & 1 \\ -a_n & -a_{n-1} & -a_{n-2} & \cdots & -a_1 \end{bmatrix} \begin{bmatrix} x_1 \\ x_2 \\ \vdots \\ x_{n-1} \\ x_n \end{bmatrix} + \begin{bmatrix} 0 \\ 0 \\ \vdots \\ 0 \\ 1 \end{bmatrix} u \tag{2-3}
$$

$$
y = \begin{bmatrix} b_n - a_n b_0 & b_{n-1} - a_{n-1} b_0 & \cdots & b_1 - a_1 b_0 \end{bmatrix} \begin{bmatrix} x_1 \\ x_2 \\ \vdots \\ x_n \end{bmatrix} + b_0 u \tag{2-4}
$$

2）能观测标准形

状态空间表达式的能观测标准形为

$$
\begin{bmatrix} \dot{x}_1 \\ \dot{x}_2 \\ \vdots \\ \dot{x}_n \end{bmatrix} = \begin{bmatrix} 0 & 0 & \cdots & 0 & -a_n \\ 1 & 0 & \cdots & 0 & -a_{n-1} \\ \vdots & \vdots & & \vdots & \vdots \\ 0 & 0 & \cdots & 1 & -a_1 \end{bmatrix} \begin{bmatrix} x_1 \\ x_2 \\ \vdots \\ x_n \end{bmatrix} + \begin{bmatrix} b_n - a_n b_0 \\ b_{n-1} - a_{n-1} b_0 \\ \vdots \\ b_1 - a_1 b_0 \end{bmatrix} u \tag{2-5}
$$

$$
y = \begin{bmatrix} 0 & 0 & \cdots & 0 & 1 \end{bmatrix} \begin{bmatrix} x_1 \\ x_2 \\ \vdots \\ x_{n-1} \\ x_n \end{bmatrix} + b_0 u \tag{2-6}
$$

3）对角线标准形

参考由式(2-2)定义的传递函数。这里,考虑分母多项式中只含相异根的情况。对此,式(2-2)可写成

$$
\frac{Y(s)}{U(s)} = \frac{b_0 s^n + b_1 s^{n-1} + \cdots + b_{n-1} s + b_n}{(s+p_1)(s+p_2)\cdots(s+p_n)} \tag{2-7}
$$

$$
= b_0 + \frac{c_1}{s+p_1} + \frac{c_2}{s+p_2} + \cdots + \frac{c_n}{s+p_n}
$$

设 $\quad \dfrac{U(s)}{s+p_1} = x_1, \dfrac{U(s)}{s+p_2} = x_2, \cdots, \dfrac{U(s)}{s+p_n} = x_n$

得到 $\quad \dot{x}_i = -p_i x_i + u, \quad y = b_0 u + c_1 x_1 + \cdots + c_n x_n$

状态空间表达式的对角线标准形为

$$
\begin{bmatrix} \dot{x}_1 \\ \dot{x}_2 \\ \vdots \\ \dot{x}_n \end{bmatrix} = \begin{bmatrix} -p_1 & & & 0 \\ & -p_2 & & \\ & & \ddots & \\ 0 & & & -p_n \end{bmatrix} \begin{bmatrix} x_1 \\ x_2 \\ \vdots \\ x_n \end{bmatrix} + \begin{bmatrix} 1 \\ 1 \\ \vdots \\ 1 \end{bmatrix} u \tag{2-8}
$$

$$
y = \begin{bmatrix} c_1 & c_2 & \cdots & c_n \end{bmatrix} \begin{bmatrix} x_1 \\ x_2 \\ \vdots \\ x_n \end{bmatrix} + b_0 u \tag{2-9}
$$

4）Jordan 标准形

下面考虑式(2-2)的分母多项式中含有重根的情况。对此,必须将对角线标准形修改为 Jordan 标准形。例如,假设除了 $p_1 = p_2 = p_3$ 外,其余极点 $p_i(i = 4,5,\cdots,n)$ 相异。于是,$Y(s)/U(s)$ 因式分解后得到

$$\frac{Y(s)}{U(s)} = \frac{b_0 s^n + b_1 s^{n-1} + \cdots + b_{n-1} s + b_n}{(s + p_1)^3 (s + p_4)(s + p_5)\cdots(s + p_n)}$$

该式的部分分式展开式为

$$\frac{Y(s)}{U(s)} = b_0 + \frac{c_1}{(s + p_1)^3} + \frac{c_2}{(s + p_1)^2} + \frac{c_3}{s + p_1} + \frac{c_4}{s + p_4} + \cdots + \frac{c_n}{s + p_n}$$

状态空间表达式的 Jordan 标准形为

$$\begin{bmatrix} \dot{x}_1 \\ \dot{x}_2 \\ \dot{x}_3 \\ \dot{x}_4 \\ \vdots \\ \dot{x}_n \end{bmatrix} = \begin{bmatrix} -p_1 & 1 & 0 & 0 & \cdots & 0 \\ 0 & -p_1 & 1 & \vdots & & \vdots \\ 0 & 0 & -p_1 & 0 & \cdots & 0 \\ 0 & 0 & 0 & -p_4 & \cdots & 0 \\ \vdots & \vdots & \vdots & \vdots & & \vdots \\ 0 & 0 & 0 & 0 & \cdots & -p_n \end{bmatrix} \begin{bmatrix} x_1 \\ x_2 \\ x_3 \\ x_4 \\ \vdots \\ x_n \end{bmatrix} + \begin{bmatrix} 0 \\ 0 \\ 1 \\ 1 \\ \vdots \\ 1 \end{bmatrix} u \qquad (2\text{-}10)$$

$$y = \begin{bmatrix} c_1 & c_2 & \cdots & c_n \end{bmatrix} \begin{bmatrix} x_1 \\ x_2 \\ \vdots \\ x_n \end{bmatrix} + b_0 u \qquad (2\text{-}11)$$

例 2-1 考虑由下式确定的系统:

$$\frac{Y(s)}{U(s)} = \frac{s + 3}{s^2 + 3s + 2}$$

试求其状态空间表达式之能控标准形、能观测标准形和对角线标准形。

解 能控标准形为

$$\begin{bmatrix} \dot{x}_1(t) \\ \dot{x}_2(t) \end{bmatrix} = \begin{bmatrix} 0 & 1 \\ -2 & -3 \end{bmatrix} \begin{bmatrix} x_1(t) \\ x_2(t) \end{bmatrix} + \begin{bmatrix} 0 \\ 1 \end{bmatrix} u(t)$$

$$y(t) = \begin{bmatrix} 3 & 1 \end{bmatrix} \begin{bmatrix} x_1(t) \\ x_2(t) \end{bmatrix}$$

能观测标准形为

$$\begin{bmatrix} \dot{x}_1(t) \\ \dot{x}_2(t) \end{bmatrix} = \begin{bmatrix} 0 & -2 \\ 1 & -3 \end{bmatrix} \begin{bmatrix} x_1(t) \\ x_2(t) \end{bmatrix} + \begin{bmatrix} 3 \\ 1 \end{bmatrix} u(t)$$

$$y(t) = \begin{bmatrix} 0 & 1 \end{bmatrix} \begin{bmatrix} x_1(t) \\ x_2(t) \end{bmatrix}$$

对角线标准形为

$$\begin{bmatrix} \dot{x}_1(t) \\ \dot{x}_2(t) \end{bmatrix} = \begin{bmatrix} -1 & 0 \\ 0 & -2 \end{bmatrix} \begin{bmatrix} x_1(t) \\ x_2(t) \end{bmatrix} + \begin{bmatrix} 1 \\ 1 \end{bmatrix} u(t)$$

$$y(t) = \begin{bmatrix} 2 & -1 \end{bmatrix} \begin{bmatrix} x_1(t) \\ x_2(t) \end{bmatrix}$$

2. 系统矩阵的对角线化

1）系统矩阵的特征值

$n×n$ 系统矩阵 $\boldsymbol{A}$ 的特征值是下列特征方程的根：

$$|\lambda\boldsymbol{I}-\boldsymbol{A}|=0$$

这些特征值也称为特征根。例如，考虑下列矩阵 $\boldsymbol{A}$：

$$\boldsymbol{A}=\begin{bmatrix}0 & 1 & 0\\0 & 0 & 1\\-6 & -11 & -6\end{bmatrix}$$

特征方程为

$$|\lambda\boldsymbol{I}-\boldsymbol{A}|=\begin{vmatrix}\lambda & -1 & 0\\0 & \lambda & -1\\6 & 11 & \lambda+6\end{vmatrix}=0$$

即

$$\lambda^3+6\lambda^2+11\lambda+6=(\lambda+1)(\lambda+2)(\lambda+3)=0$$

这里 $\boldsymbol{A}$ 的特征值就是特征方程的根，即 -1、-2 和 -3。

2）$n×n$ 系统矩阵的对角线化

如果一个具有相异特征值的 $n×n$ 矩阵 $\boldsymbol{A}$ 由下式给出：

$$\boldsymbol{A}=\begin{bmatrix}0 & 1 & 0 & \cdots & 0\\0 & 0 & 1 & \cdots & 0\\\vdots & \vdots & \vdots & & \vdots\\0 & 0 & 0 & \cdots & 1\\-a_n & -a_{n-1} & -a_{n-2} & \cdots & -a_1\end{bmatrix} \tag{2-12}$$

作如下非奇异线性变换 $\boldsymbol{X}=\boldsymbol{P}\cdot\boldsymbol{Z}$，其中

$$\boldsymbol{P}=\begin{bmatrix}1 & 1 & \cdots & 1\\\lambda_1 & \lambda_2 & \cdots & \lambda_n\\\vdots & \vdots & & \vdots\\\lambda_1^{n-1} & \lambda_2^{n-1} & \cdots & \lambda_n^{n-1}\end{bmatrix}$$

称为范德蒙矩阵，这里 $\lambda_1,\lambda_2,\cdots,\lambda_n$ 是系统矩阵 $\boldsymbol{A}$ 的 n 个相异特征值。$\boldsymbol{P}^{-1}\boldsymbol{A}\boldsymbol{P}$ 变换为对角线矩阵，即

$$\boldsymbol{P}^{-1}\boldsymbol{A}\boldsymbol{P}=\begin{bmatrix}\lambda_1 & & & 0\\ & \lambda_2 & & \\ & & \ddots & \\0 & & & \lambda_n\end{bmatrix}$$

如果由式（2-12）定义的矩阵 $\boldsymbol{A}$ 含有重特征值，则不能将上述矩阵对角线化。例如，$3×3$ 矩阵

$$\boldsymbol{A}=\begin{bmatrix}0 & 1 & 0\\0 & 0 & 1\\-a_3 & -a_2 & -a_1\end{bmatrix}$$

有特征值 λ_1、λ_2、λ_3，作非奇异线性变换 $\boldsymbol{X}=\boldsymbol{S}\cdot\boldsymbol{Z}$，其中

$$S = \begin{bmatrix} 1 & 0 & 1 \\ \lambda_1 & 1 & \lambda_3 \\ \lambda_1^2 & 2\lambda_1 & \lambda_3^2 \end{bmatrix}$$

得到

$$S^{-1}AS = \begin{bmatrix} \lambda_1 & 1 & 0 \\ 0 & \lambda_1 & 0 \\ 0 & 0 & \lambda_3 \end{bmatrix}$$

该式是一个 Jordan 标准形。

考虑下列系统的状态空间表达式：

$$\begin{bmatrix} \dot{x}_1 \\ \dot{x}_2 \\ \dot{x}_3 \end{bmatrix} = \begin{bmatrix} 0 & 1 & 0 \\ 0 & 0 & 1 \\ -6 & -11 & -6 \end{bmatrix} \begin{bmatrix} x_1 \\ x_2 \\ x_3 \end{bmatrix} + \begin{bmatrix} 0 \\ 0 \\ 6 \end{bmatrix} u \tag{2-13}$$

$$y = \begin{bmatrix} 1 & 0 & 0 \end{bmatrix} \begin{bmatrix} x_1 \\ x_2 \\ x_3 \end{bmatrix} \tag{2-14}$$

式(2-13)和式(2-14)可写为如下标准形式：

$$\begin{cases} \dot{x} = Ax + Bu \\ y = Cx \end{cases}$$

式中：

$$A = \begin{bmatrix} 0 & 1 & 0 \\ 0 & 0 & 1 \\ -6 & -11 & -6 \end{bmatrix}, \quad B = \begin{bmatrix} 0 \\ 0 \\ 6 \end{bmatrix}, \quad C = \begin{bmatrix} 1 & 0 & 0 \end{bmatrix}$$

矩阵 A 的特征值为

$$\lambda_1 = -1, \quad \lambda_2 = -2, \quad \lambda_3 = -3$$

这 3 个特征值相异。如果作变换

$$\begin{bmatrix} x_1 \\ x_2 \\ x_3 \end{bmatrix} = \begin{bmatrix} 1 & 1 & 1 \\ -1 & -2 & -3 \\ 1 & 4 & 9 \end{bmatrix} \begin{bmatrix} z_1 \\ z_2 \\ z_3 \end{bmatrix}$$

或

$$X = P \cdot Z \tag{2-15}$$

定义一组新的状态变量 z_1、z_2 和 z_3，式中

$$P = \begin{bmatrix} 1 & 1 & 1 \\ \lambda_1 & \lambda_2 & \lambda_3 \\ \lambda_1^2 & \lambda_2^2 & \lambda_3^2 \end{bmatrix} \tag{2-16}$$

那么，将式(2-15)代入式(2-13)，可得

$$P\dot{Z} = APZ + Bu$$

将上式两端左乘 P^{-1}，得

$$\dot{Z} = P^{-1}APZ + P^{-1}Bu \tag{2-17}$$

或者

$$\begin{bmatrix} \dot{z}_1 \\ \dot{z}_2 \\ \dot{z}_3 \end{bmatrix} = \begin{bmatrix} 3 & 2.5 & 0.5 \\ -3 & -4 & -1 \\ 1 & 1.5 & 0.5 \end{bmatrix} \begin{bmatrix} 0 & 1 & 0 \\ 0 & 0 & 1 \\ -6 & -11 & -6 \end{bmatrix} \begin{bmatrix} 1 & 1 & 1 \\ -1 & -2 & -3 \\ 1 & 4 & 9 \end{bmatrix} \begin{bmatrix} z_1 \\ z_2 \\ z_3 \end{bmatrix}$$

$$+ \begin{bmatrix} 3 & 2.5 & 0.5 \\ -3 & -4 & -1 \\ 1 & 1.5 & 0.5 \end{bmatrix} \begin{bmatrix} 0 \\ 0 \\ 6 \end{bmatrix} u$$

化简得

$$\begin{bmatrix} \dot{z}_1 \\ \dot{z}_2 \\ \dot{z}_3 \end{bmatrix} = \begin{bmatrix} -1 & 0 & 0 \\ 0 & -2 & 0 \\ 0 & 0 & -3 \end{bmatrix} \begin{bmatrix} z_1 \\ z_2 \\ z_3 \end{bmatrix} + \begin{bmatrix} 3 \\ -6 \\ 3 \end{bmatrix} u \tag{2-18}$$

式(2-18)也是一个状态方程,它描述的系统与式(2-13)定义的系统是同一个系统。输出方程(2-14)可修改为

$$y = CP \cdot Z$$

或

$$y = \begin{bmatrix} 1 & 0 & 0 \end{bmatrix} \begin{bmatrix} 1 & 1 & 1 \\ -1 & -2 & -3 \\ 1 & 4 & 9 \end{bmatrix} \begin{bmatrix} z_1 \\ z_2 \\ z_3 \end{bmatrix} \tag{2-19}$$

$$= \begin{bmatrix} 1 & 1 & 1 \end{bmatrix} \begin{bmatrix} z_1 \\ z_2 \\ z_3 \end{bmatrix}$$

注意:由式(2-16)定义的变换矩阵 P 将 Z 的系统矩阵转变为对角线矩阵。由式(2-18)显然可看出,3 个纯量状态方程是解耦的。注意式(2-17)中的矩阵 $P^{-1}AP$ 的对角线元素和矩阵 A 的 3 个特征值相同。此处强调 A 和 $P^{-1}AP$ 的特征值相同,这一点非常重要。可将式(2-18)、式(2-19)写成如下形式:

$$\dot{z} = \tilde{A}z + \tilde{B}u \tag{2-20}$$
$$y = \tilde{C}z \tag{2-21}$$

2.2　状态方程的求解

对于线性定常系统,为保证状态方程解的存在性和唯一性,系统矩阵 A 和输入矩阵 B 中各元必须有界。一般来说,在实际工程中,这个条件是一定要满足的。

2.2.1　线性系统状态方程的解

1. 状态方程一般解法

给定线性定常系统非齐次状态方程为

$$\dot{x}(t) = Ax(t) + Bu(t) \tag{2-22a}$$

式中:$x(t) \in \mathbf{R}^n$,$u(t) \in \mathbf{R}^r$,$A \in \mathbf{R}^{n \times n}$,$B \in \mathbf{R}^{n \times r}$,且初始条件为 $x(t)|_{t=0} = x(0)$。

将方程(2-22a)写为

$$\dot{x}(t) - Ax(t) = Bu(t)$$

上式两边左乘 e^{-At}，可得

$$e^{-At}[\dot{x}(t) - Ax(t)] = \frac{d}{dt}[e^{-At}x(t)] = e^{-At}Bu(t)$$

将上式由 0 到 t 积分，得

$$e^{-At}x(t) - x(0) = \int_0^t e^{-A\tau}Bu(\tau)d\tau$$

故可求出其解为

$$x(t) = e^{At}x(0) + \int_0^t e^{A(t-\tau)}Bu(\tau)d\tau \tag{2-22b}$$

或

$$x(t) = \boldsymbol{\Phi}(t)x(0) + \int_0^t \boldsymbol{\Phi}(t-\tau)Bu(\tau)d\tau \tag{2-22c}$$

式中：$\boldsymbol{\Phi}(t) = e^{At}$，为系统的状态转移矩阵。

对于线性时变系统非齐次状态方程：

$$\dot{x}(t) = A(t)x(t) + B(t)u(t) \tag{2-23}$$

类似地，可求出其解为

$$x(t) = \boldsymbol{\Phi}(t,0)x(0) + \int_0^t \boldsymbol{\Phi}(t,\tau)B(\tau)u(\tau)d\tau \tag{2-24}$$

一般说来，线性时变系统的状态转移矩阵 $\boldsymbol{\Phi}(t,t_0)$ 只能表示成一个无穷项之和，只有在特殊情况下，才能写成矩阵指数函数的形式。

2. 状态转移矩阵的性质

定义 2-1 线性时变系统状态转移矩阵 $\boldsymbol{\Phi}(t,t_0)$ 是满足如下矩阵微分方程和初始条件的解：

$$\begin{cases} \dot{\boldsymbol{\Phi}}(t,t_0) = A(t)\boldsymbol{\Phi}(t,t_0) \\ \boldsymbol{\Phi}(t_0,t_0) = I \end{cases} \tag{2-25}$$

下面给出线性时变系统状态转移矩阵的几个重要性质：

（1）$\boldsymbol{\Phi}(t,t) = I$；

（2）$\boldsymbol{\Phi}(t_2,t_1)\boldsymbol{\Phi}(t_1,t_0) = \boldsymbol{\Phi}(t_2,t_0)$；

（3）$\boldsymbol{\Phi}^{-1}(t,t_0) = \boldsymbol{\Phi}(t_0,t)$；

（4）当 A 给定后，$\boldsymbol{\Phi}(t,t_0)$ 唯一；

（5）计算线性时变系统状态转移矩阵的公式为

$$\boldsymbol{\Phi}(t,t_0) = I + \int_{t_0}^t A(\tau)d\tau + \int_{t_0}^t A(\tau_1)\left[\int_{t_0}^{\tau_1} A(\tau_2)d\tau_2\right]d\tau_1 + \cdots \tag{2-26a}$$

式（2-26a）一般不能写成封闭形式，可按精度要求，用数值计算的方法取有限项近似。特别地，只有满足

$$A(t)\left[\int_{t_0}^t A(\tau)d\tau\right] = \left[\int_{t_0}^t A(\tau)d\tau\right]A(t)$$

即在矩阵乘法可交换的条件下，$\boldsymbol{\Phi}(t,t_0)$ 才可表示为如下矩阵指数函数形式：

$$\boldsymbol{\Phi}(t,t_0) = \exp\left[\int_{t_0}^t A(\tau)d\tau\right] \tag{2-26b}$$

显然，定常系统的状态转移矩阵 $\boldsymbol{\Phi}(t,t_0)$ 不依赖于初始时刻 t_0，其性质仅是上述时变系

统的特例。

例 2-2 试求如下线性定常系统

$$\begin{bmatrix} \dot{x}_1 \\ \dot{x}_2 \end{bmatrix} = \begin{bmatrix} 0 & 1 \\ -2 & -3 \end{bmatrix}\begin{bmatrix} x_1 \\ x_2 \end{bmatrix}$$

的状态转移矩阵 $\boldsymbol{\Phi}(t)$ 和状态转移矩阵的逆 $\boldsymbol{\Phi}^{-1}(t)$。

解 对于该系统，

$$\boldsymbol{A} = \begin{bmatrix} 0 & 1 \\ -2 & -3 \end{bmatrix}$$

其状态转移矩阵为

$$\boldsymbol{\Phi}(t) = e^{\boldsymbol{A}t} = L^{-1}\big[(s\boldsymbol{I}-\boldsymbol{A})^{-1}\big]$$

由于

$$s\boldsymbol{I}-\boldsymbol{A} = \begin{bmatrix} s & 0 \\ 0 & s \end{bmatrix} - \begin{bmatrix} 0 & 1 \\ -2 & -3 \end{bmatrix} = \begin{bmatrix} s & -1 \\ 2 & s+3 \end{bmatrix}$$

故其逆矩阵为

$$(s\boldsymbol{I}-\boldsymbol{A})^{-1} = \frac{1}{(s+1)(s+2)}\begin{bmatrix} s+3 & 1 \\ -2 & s \end{bmatrix}$$

$$= \begin{bmatrix} \dfrac{s+3}{(s+1)(s+2)} & \dfrac{1}{(s+1)(s+2)} \\ \dfrac{-2}{(s+1)(s+2)} & \dfrac{s}{(s+1)(s+2)} \end{bmatrix}$$

因此

$$\boldsymbol{\Phi}(t) = e^{\boldsymbol{A}t} = L^{-1}\big[(s\boldsymbol{I}-\boldsymbol{A})^{-1}\big] = \begin{bmatrix} 2e^{-t}-e^{-2t} & e^{-t}-e^{-2t} \\ -2e^{-t}+2e^{-2t} & -e^{-t}+2e^{-2t} \end{bmatrix}$$

由于 $\boldsymbol{\Phi}^{-1}(t) = \boldsymbol{\Phi}(-t)$，故可求得状态转移矩阵的逆为

$$\boldsymbol{\Phi}^{-1}(t) = e^{-\boldsymbol{A}t} = \begin{bmatrix} 2e^{t}-e^{2t} & e^{t}-e^{2t} \\ -2e^{t}+2e^{2t} & -e^{t}+2e^{2t} \end{bmatrix}$$

例 2-3 求下列系统的时间响应：

$$\begin{bmatrix} \dot{x}_1(t) \\ \dot{x}_2(t) \end{bmatrix} = \begin{bmatrix} 0 & 1 \\ -2 & -3 \end{bmatrix}\begin{bmatrix} x_1(t) \\ x_2(t) \end{bmatrix} + \begin{bmatrix} 0 \\ 1 \end{bmatrix}u(t)$$

式中：$u(t)$ 为 $t=0$ 时作用于系统的单位阶跃函数，即 $u(t)=1(t)$。

解 对该系统，

$$\boldsymbol{A} = \begin{bmatrix} 0 & 1 \\ -2 & -3 \end{bmatrix}, \quad \boldsymbol{B} = \begin{bmatrix} 0 \\ 1 \end{bmatrix}$$

状态转移矩阵 $\boldsymbol{\Phi}(t) = e^{\boldsymbol{A}t}$ 已在例 2-2 中求得，即

$$\boldsymbol{\Phi}(t) = e^{\boldsymbol{A}t} = \begin{bmatrix} 2e^{-t}-e^{-2t} & e^{-t}-e^{-2t} \\ -2e^{-t}+2e^{-2t} & -e^{-t}+2e^{-2t} \end{bmatrix}$$

因此，系统对单位阶跃输入的响应为

$$\boldsymbol{x}(t) = e^{\boldsymbol{A}t}\boldsymbol{x}(0) + \int_0^t \begin{bmatrix} 2e^{-(t-\tau)}-e^{-2(t-\tau)} & e^{-(t-\tau)}-e^{-2(t-\tau)} \\ -2e^{-(t-\tau)}+2e^{-2(t-\tau)} & -e^{-(t-\tau)}+2e^{-2(t-\tau)} \end{bmatrix}\begin{bmatrix} 0 \\ 1 \end{bmatrix}1(t)\mathrm{d}\tau$$

或

$$\begin{bmatrix} x_1(t) \\ x_2(t) \end{bmatrix} = \begin{bmatrix} 2e^{-t} - e^{-2t} & e^{-t} - e^{-2t} \\ -2e^{-t} + 2e^{-2t} & -e^{-t} + 2e^{-2t} \end{bmatrix} \begin{bmatrix} x_1(0) \\ x_2(0) \end{bmatrix} + \begin{bmatrix} \dfrac{1}{2} - e^{-t} + \dfrac{1}{2}e^{-2t} \\ e^{-t} - e^{-2t} \end{bmatrix}$$

如果初始状态为零,即 $x(0) = 0$,可将 $x(t)$ 简化为

$$\begin{bmatrix} x_1(t) \\ x_2(t) \end{bmatrix} = \begin{bmatrix} \dfrac{1}{2} - e^{-t} + \dfrac{1}{2}e^{-2t} \\ e^{-t} - e^{-2t} \end{bmatrix}$$

3. 向量矩阵分析中的若干结果

1) 凯莱-哈密顿(Cayley-Hamilton)定理

在证明有关矩阵方程的定理或解决有关矩阵方程的问题时,凯莱-哈密顿定理是非常有用的。

考虑 $n \times n$ 矩阵 A 及其特征方程:

$$|\lambda I - A| = \lambda^n + a_1\lambda^{n-1} + \cdots + a_{n-1}\lambda + a_n = 0$$

凯莱-哈密顿定理指出,矩阵 A 满足其自身的特征方程,即

$$A^n + a_1 A^{n-1} + \cdots + a_{n-1}A + a_n I = 0 \tag{2-27}$$

2) 最小多项式

按照凯莱-哈密顿定理,$n \times n$ 矩阵 A 满足其自身的特征方程,然而特征方程不一定是 A 满足的最小阶次的纯量方程。将矩阵 A 为其根的最小阶次多项式称为最小多项式,也就是说,定义 $n \times n$ 矩阵 A 的最小多项式为最小阶次的多项式 $\varphi(\lambda)$,即

$$\varphi(\lambda) = \lambda^m + a_1\lambda^{m-1} + \cdots + a_{m-1}\lambda + a_m, \quad m \leqslant n$$

使得 $\varphi(A) = 0$,或者

$$\varphi(A) = A^m + a_1 A^{m-1} + \cdots + a_{m-1}A + a_m I = 0$$

最小多项式在 $n \times n$ 矩阵多项式的计算中起着重要作用。

假设 λ 的多项式 $d(\lambda)$ 是 $(\lambda I - A)$ 的伴随矩阵 $\mathrm{adj}(\lambda I - A)$ 的所有元素的最高公约式。可以证明,如果将 $d(\lambda)$ 的 λ 最高阶次的系数选为 1,则最小多项式 $\varphi(\lambda)$ 为

$$\varphi(\lambda) = \frac{|\lambda I - A|}{d(\lambda)} \tag{2-28}$$

注意,$n \times n$ 矩阵 A 的最小多项式 $\varphi(\lambda)$ 可按下列步骤求出。

(1) 根据伴随矩阵 $\mathrm{adj}(\lambda I - A)$,写出 $\mathrm{adj}(\lambda I - A)$ 的各元素。

(2) 确定作为伴随矩阵 $\mathrm{adj}(\lambda I - A)$ 各元素的最高公约式 $d(\lambda)$。选取 $d(\lambda)$ 的 λ 最高阶次系数为 1。如果不存在公约式,则 $d(\lambda) = 1$。

(3) 最小多项式 $\varphi(\lambda)$ 可由 $|\lambda I - A|$ 除以 $d(\lambda)$ 得到。

2.3　能控性与能观测性分析

能控性(controllability)和能观测性(observability)深刻地揭示了系统的内部结构关系,这两个重要概念由 R. E. Kalman 于 20 世纪 60 年代初首先提出并研究,在现代控制理论的研究与实践中,具有极其重要的意义。事实上,能控性与能观测性通常决定了最优控制问题解的存在性。例如,在极点配置问题中,状态反馈的存在性将由系统的能控性决定;观测器

设计和最优估计涉及系统的能观测性条件。

2.3.1 能控性与能观测性的定义

1. 能控性

能控性和能观测性就是研究系统这个"黑箱"的内部的状态是否可由输入影响和是否可由输出反映。考虑线性时变系统的状态方程：

$$\Sigma : \dot{\boldsymbol{x}} = \boldsymbol{A}(t)\boldsymbol{x} + \boldsymbol{B}\boldsymbol{u}$$

$$\boldsymbol{y}(t) = \boldsymbol{C}(t)\boldsymbol{x} + \boldsymbol{D}(t)\boldsymbol{u}, \boldsymbol{x}(t_0) = \boldsymbol{x}_0, \quad t \in J \tag{2-29}$$

式中：$\boldsymbol{x}$ 为 n 维状态向量；$\boldsymbol{u}$ 为 p 维输入向量；J 为时间定义区间；$\boldsymbol{A}$、$\boldsymbol{B}$ 分别为 $n \times n$ 和 $n \times p$ 的元为 t 的连续函数的矩阵。下面给出系统能控和不能控的定义。

定义 2-2 对于线性时变系统 Σ，如果对于取定初始时刻 $t_0 \in J$ 的一个非零初始状态 $\boldsymbol{x}_0$，存在一个时刻 $t_1 \in J$，$t_1 > t_0$ 和一个无约束的容许控制 $\boldsymbol{u}(t)$，$t \in [t_0, t_1]$，使状态由 $\boldsymbol{x}_0$ 转移到 t_1 时的 $\boldsymbol{x}(t_1) = \boldsymbol{0}$，则称此 $\boldsymbol{x}_0$ 在时刻 t_0 是能控的。

定义 2-3 对于线性时变系统 Σ，如果状态空间中的所有非零状态在 t_0 时刻都是能控的，那么称系统 Σ 在时刻 t_0 是能控的。

定义 2-4 对于上述线性时变系统，取定初始时刻 $t_0 \in J$，如果状态空间中存在一个或一些非零状态在时刻 t_0 是不能控的，则称系统 Σ 在时刻 t_0 是不完全能控的。

对定义的几点解释如下：

(1) 对轨迹不加限制，能控性是表征系统状态运动的一种定性特性；

(2) 对容许控制的分量幅值不加限制，且在 J 上平方可积；

(3) 线性系统的能控性与 t_0 无关；

(4) 如果将上述的由非零状态转移到零状态改为由零状态转移到非零状态，则上述定义称为系统的能达性。系统不完全能控为一种"奇异"情况。

2. 能观性

由 2.2.1 节，状态方程可以表示为

$$\boldsymbol{x}(t) = \boldsymbol{\Phi}(t, t_0)\boldsymbol{x}_0 + \int_{t_0}^{t} \boldsymbol{\Phi}(t, \tau)\boldsymbol{B}(\tau)\boldsymbol{u}(\tau)\mathrm{d}\tau \tag{2-30}$$

则系统输出为

$$\boldsymbol{y}(t) = \boldsymbol{C}(t)\boldsymbol{\Phi}(t, t_0)\boldsymbol{x}_0 + \boldsymbol{C}(t)\int_{t_0}^{t} \boldsymbol{\Phi}(t, \tau)\boldsymbol{B}(\tau)\boldsymbol{u}(\tau)\mathrm{d}\tau + \boldsymbol{D}(t)\boldsymbol{u}(t) \tag{2-31}$$

若定义

$$\overline{\boldsymbol{y}}(t) = \boldsymbol{y}(t) - \boldsymbol{C}(t)\int_{t_0}^{t} \boldsymbol{\Phi}(t, \tau)\boldsymbol{B}(\tau)\boldsymbol{u}(\tau)\mathrm{d}\tau - \boldsymbol{D}(t)\boldsymbol{u}(t) \tag{2-32}$$

则

$$\overline{\boldsymbol{y}} = \boldsymbol{C}(t)\boldsymbol{\Phi}(t, t_0)\boldsymbol{x}_0 \tag{2-33}$$

所以，研究式(2-33)的系统的能观测性等价于研究如下系统的能观测性。

$$\Sigma : \dot{\boldsymbol{x}} = \boldsymbol{A}(t)\boldsymbol{x}$$

$$\boldsymbol{y}(t) = \boldsymbol{C}(t)\boldsymbol{x} \tag{2-34}$$

定义 2-5 如果系统的状态 $\boldsymbol{x}(t_0)$ 在有限的时间间隔内可由输出的观测值确定，那么称系统在时刻 t_0 是能观测的。

定义 2-6 对于式(2-34)所示的系统,如果对于给定初始时刻 $t_0 \in J$ 的一个非零初始状态 $\boldsymbol{x}_0$,存在一个有限时刻 $t_1 \in J$,$t_1 > t_0$,对于所有 $t \in [t_0, t_1]$ 都有 $\boldsymbol{y}(t) = \boldsymbol{0}$,则称此 $\boldsymbol{x}_0$ 在时刻 t_0 是不能观测的。

定义 2-7 对于式(2-34)所示系统,对于给定初始时刻 $t_0 \in J$,如果在该时刻状态空间中存在一个或一些不能观测的非零初始状态 $\boldsymbol{x}_0$,则称该系统在时刻 t_0 是不能观测的。

前文已指出,在用状态空间法设计控制系统时,能控性和能观测性这两个概念起到非常重要的作用。实际上,虽然大多数物理系统是能控和能观测的,但是其所对应的数学模型可能不具有能控性和能观测性。因此,必须了解系统能控和能观测的条件。

上面给出了系统状态能控与能观测的定义,下面将首先推导状态能控性的代数判据,然后给出状态能控性的标准形判据,最后讨论输出能控性。

2.3.2 定常系统能控性的代数判据

考虑线性连续时间系统

$$\Sigma: \dot{\boldsymbol{x}}(t) = \boldsymbol{A}\boldsymbol{x}(t) + \boldsymbol{B}\boldsymbol{u}(t) \tag{2-35}$$

式中:$\boldsymbol{x}(t) \in \mathbf{R}^n$,$\boldsymbol{u}(t) \in \mathbf{R}^1$,$\boldsymbol{A} \in \mathbf{R}^{n \times n}$,$\boldsymbol{B} \in \mathbf{R}^{n \times m}$,且初始条件为 $\boldsymbol{x}(t)\big|_{t=0} = \boldsymbol{x}(0)$。

如果施加一个无约束的控制信号,在有限的时间间隔 $t_0 \leqslant t \leqslant t_1$ 内,使初始状态转移到任一终止状态,则称由式(2-35)描述的系统在 $t = t_0$ 时为状态(完全)能控的。如果每一个状态都能控,则称该系统为状态(完全)能控的。

1. 格拉姆矩阵判据

线性定常系统式(2-35)完全能控的充分必要条件是:存在 $t_1 > 0$,使如下定义的格拉姆矩阵

$$\boldsymbol{W}_c[0, t_1] = \int_0^{t_1} e^{-\boldsymbol{A}t} \boldsymbol{B} \boldsymbol{B}^\mathrm{T} e^{-\boldsymbol{A}^\mathrm{T} t} \, \mathrm{d}t \tag{2-36}$$

非奇异。

证明 充分性:已知 $\boldsymbol{W}_c[0, t_1]$ 非奇异,欲证系统完全能控。

采用构造法证明,构造的控制量为

$$\boldsymbol{u}(t) = -\boldsymbol{B}^\mathrm{T} e^{-\boldsymbol{A}^\mathrm{T} t} \boldsymbol{W}_c^{-1}[0, t_1] \boldsymbol{x}_0, \quad t \in [0, t_1]$$

在 $\boldsymbol{u}(t)$ 作用下容易解得

$$\begin{aligned}
\boldsymbol{x}(t_1) &= e^{\boldsymbol{A}t_1} \boldsymbol{x}_0 + \int_0^{t_1} e^{\boldsymbol{A}(t_1 - t)} \boldsymbol{B}\boldsymbol{u}(t) \, \mathrm{d}t \\
&= e^{\boldsymbol{A}t_1} \boldsymbol{x}_0 - e^{\boldsymbol{A}t_1} \int_0^{t_1} e^{-\boldsymbol{A}t} \boldsymbol{B}\boldsymbol{B}^\mathrm{T} e^{-\boldsymbol{A}^\mathrm{T} t} \boldsymbol{W}_c^{-1}[0, t_1] \boldsymbol{x}_0 \, \mathrm{d}t \\
&= e^{\boldsymbol{A}t_1} \boldsymbol{x}_0 - e^{\boldsymbol{A}t_1} \boldsymbol{W}_c[0, t_1] \boldsymbol{W}_c^{-1}[0, t_1] \boldsymbol{x}_0 \\
&= \boldsymbol{0}
\end{aligned}$$

充分性得证。

必要性:已知系统完全能控,欲证 $\boldsymbol{W}_c[0, t_1]$ 非奇异。

采用反证法。反设 $\boldsymbol{W}_c[0, t_1]$ 奇异,即反设存在某个非零 $\overline{\boldsymbol{x}}_0 \in \mathbf{R}^n$,使

$$\overline{\boldsymbol{x}}_0^\mathrm{T} \boldsymbol{W}_c[0, t_1] \overline{\boldsymbol{x}}_0 = 0$$

成立。

由此进而有

$$0 = \overline{\boldsymbol{x}}_0^{\mathrm{T}} \boldsymbol{W}_{\mathrm{c}} [0, t_1] \overline{\boldsymbol{x}}_0 = \int_0^{t_1} \overline{\boldsymbol{x}}_0^{\mathrm{T}} \mathrm{e}^{-\boldsymbol{A} t} \boldsymbol{B} \boldsymbol{B}^{\mathrm{T}} \mathrm{e}^{-\boldsymbol{A}^{\mathrm{T}} t} \overline{\boldsymbol{x}}_0 \mathrm{d} t$$

$$= \int_0^{t_1} \parallel \boldsymbol{B}^{\mathrm{T}} \mathrm{e}^{-\boldsymbol{A}^{\mathrm{T}} t} \overline{\boldsymbol{x}}_0 \parallel^2 \mathrm{d} t$$

要使上式成立,应有

$$\boldsymbol{B}^{\mathrm{T}} \mathrm{e}^{-\boldsymbol{A}^{\mathrm{T}} t} \overline{\boldsymbol{x}}_0 = \boldsymbol{0}, \quad \forall t \in [0, t_1]$$

另外,因系统完全能控,对非零 $\overline{\boldsymbol{x}}_0$ 有

$$\boldsymbol{0} = \boldsymbol{x}(t_1) = \mathrm{e}^{\boldsymbol{A} t_1} \overline{\boldsymbol{x}}_0 + \int_0^{t_1} \mathrm{e}^{\boldsymbol{A} t_1} \mathrm{e}^{-\boldsymbol{A} t} \boldsymbol{B} \boldsymbol{u}(t) \mathrm{d} t$$

由此得出

$$\overline{\boldsymbol{x}}_0 = - \int_0^{t_1} \mathrm{e}^{-\boldsymbol{A} t} \boldsymbol{B} \boldsymbol{u}(t) \mathrm{d} t$$

$$\parallel \boldsymbol{x}_0 \parallel^2 = \left[- \int_0^{t_1} \mathrm{e}^{-\boldsymbol{A} t} \boldsymbol{B} \boldsymbol{u}(t) \mathrm{d} t \right]^{\mathrm{T}} \overline{\boldsymbol{x}}_0$$

$$= - \int_0^{t_1} \boldsymbol{u}^{\mathrm{T}}(t) \boldsymbol{B}^{\mathrm{T}} \boldsymbol{u}(t) \overline{\boldsymbol{x}}_0 \mathrm{d} t = 0$$

所以 $\parallel \boldsymbol{x}_0 \parallel = 0$。

这表明,$\overline{\boldsymbol{x}}_0 \neq \boldsymbol{0}$ 的假设是和系统完全能控相矛盾的。因此,反设不成立,即 $\boldsymbol{W}_{\mathrm{c}} [0, t_1]$ 非奇异。

必要性得证。

定理 2-1[代数判据] 线性定常系统式(2-35)完全能控的充分必要条件为

$$\mathrm{rank} [\boldsymbol{B} \quad \boldsymbol{A} \boldsymbol{B} \quad \cdots \quad \boldsymbol{A}^{n-1} \boldsymbol{B}] = n \tag{2-37}$$

其中,n 为矩阵 $\boldsymbol{A}$ 的维数。

$$\boldsymbol{Q}_{\mathrm{c}} = [\boldsymbol{B} \quad \boldsymbol{A} \boldsymbol{B} \quad \cdots \quad \boldsymbol{A}^{n-1} \boldsymbol{B}] \tag{2-38}$$

称为系统的能控性判别阵。

证明 充分性:已知 $\mathrm{rank} \boldsymbol{Q}_{\mathrm{c}} = n$,欲证系统为完全能控的。

采用反证法。反设系统不完全能控,则格拉姆矩阵

$$\boldsymbol{W}_{\mathrm{c}} [0, t_1] = \int_0^{t_1} \mathrm{e}^{-\boldsymbol{A} t} \boldsymbol{B} \boldsymbol{B}^{\mathrm{T}} \mathrm{e}^{-\boldsymbol{A}^{\mathrm{T}} t} \mathrm{d} t$$

奇异。这意味着存在某个非零向量 $\boldsymbol{\alpha}$,使得

$$0 = \boldsymbol{\alpha}^{\mathrm{T}} \boldsymbol{W}_{\mathrm{c}} [0, t_1] \boldsymbol{\alpha} = \int_0^{t_1} \boldsymbol{\alpha}^{\mathrm{T}} \mathrm{e}^{-\boldsymbol{A} t} \boldsymbol{B} \boldsymbol{B}^{\mathrm{T}} \mathrm{e}^{-\boldsymbol{A}^{\mathrm{T}} t} \boldsymbol{\alpha} \mathrm{d} t$$

$$= \int_0^{t_1} [\boldsymbol{\alpha}^{\mathrm{T}} \mathrm{e}^{-\boldsymbol{A} t} \boldsymbol{B}] [\boldsymbol{\alpha}^{\mathrm{T}} \mathrm{e}^{-\boldsymbol{A}^{\mathrm{T}} t} \boldsymbol{B}]^{\mathrm{T}} \mathrm{d} t$$

成立。由此可得

$$\boldsymbol{\alpha}^{\mathrm{T}} \mathrm{e}^{-\boldsymbol{A} t} \boldsymbol{B} = \boldsymbol{0}, \quad \forall t \in [0, t_1]$$

现将上式求导直至 $(n-1)$ 次,再在所得结果中令 $t = 0$,那么可得到

$$\boldsymbol{\alpha}^{\mathrm{T}} \boldsymbol{B} = \boldsymbol{0}, \boldsymbol{\alpha}^{\mathrm{T}} \boldsymbol{A} \boldsymbol{B} = \boldsymbol{0}, \boldsymbol{\alpha}^{\mathrm{T}} \boldsymbol{A}^2 \boldsymbol{B} = \boldsymbol{0}, \cdots, \boldsymbol{\alpha}^{\mathrm{T}} \boldsymbol{A}^{n-1} \boldsymbol{B} = \boldsymbol{0}$$

进而,上式可表示为

$$\boldsymbol{\alpha}^{\mathrm{T}} [\boldsymbol{B} \quad \boldsymbol{A} \boldsymbol{B} \quad \cdots \quad \boldsymbol{A}^{n-1} \boldsymbol{B}] = \boldsymbol{\alpha}^{\mathrm{T}} \boldsymbol{Q}_{\mathrm{c}} = \boldsymbol{0}$$

由于 $\boldsymbol{\alpha} \neq \boldsymbol{0}$,因此上式意味着 $\boldsymbol{Q}_{\mathrm{c}}$ 为行线性相关的,与假设矛盾。反设不成立,系统为完全能控的。充分性得证。

必要性:已知系统完全能控,欲证 $\operatorname{rank}Q_c=n$。

采用反证法。反设 $\operatorname{rank}Q_c<n$,这意味着 Q_c 是行线性相关的,因此必存在一个非零 n 维常向量 $\boldsymbol{\alpha}$,使

$$\boldsymbol{\alpha}^{\mathrm{T}}Q_c=\boldsymbol{\alpha}^{\mathrm{T}}[\boldsymbol{B}\quad \boldsymbol{AB}\quad \cdots\quad \boldsymbol{A}^{n-1}\boldsymbol{B}]=\boldsymbol{0}$$

成立。

考虑到问题的一般性,由上式进一步得到

$$\boldsymbol{\alpha}^{\mathrm{T}}\boldsymbol{A}^i\boldsymbol{B}=\boldsymbol{0},\quad i=1,2,\cdots,n-1$$

再根据凯莱-哈密顿定理,$\boldsymbol{A}^n,\boldsymbol{A}^{n+1},\cdots$ 均可表示为 $\boldsymbol{I},\boldsymbol{A},\boldsymbol{A}^2,\cdots,\boldsymbol{A}^{n-1}$ 的线性组合,由此得到

$$\boldsymbol{\alpha}^{\mathrm{T}}\boldsymbol{A}^i\boldsymbol{B}=\boldsymbol{0},\quad i=1,2,\cdots$$

进一步可得到

$$\boldsymbol{\alpha}^{\mathrm{T}}\Big[\boldsymbol{I}-\boldsymbol{A}t+\frac{1}{2!}\boldsymbol{A}^2t^2-\frac{1}{3!}\boldsymbol{A}^3t^3+\cdots\Big]\boldsymbol{B}=\boldsymbol{\alpha}^{\mathrm{T}}\mathrm{e}^{-\boldsymbol{A}t}\boldsymbol{B},\quad \forall t\in[0,t_1]$$

这样

$$\boldsymbol{\alpha}^{\mathrm{T}}\int_0^{t_1}\mathrm{e}^{-\boldsymbol{A}t}\boldsymbol{B}\boldsymbol{B}^{\mathrm{T}}\mathrm{e}^{-\boldsymbol{A}^{\mathrm{T}}t}\mathrm{d}t\boldsymbol{\alpha}=\boldsymbol{\alpha}^{\mathrm{T}}\boldsymbol{W}_c[0,t_1]\boldsymbol{\alpha}=0$$

表明 $\boldsymbol{W}_c[0,t_1]$ 奇异,系统不完全能控,与已知条件矛盾,反设不成立。于是 $\operatorname{rank}Q_c=n$,必要性得证。

例 2-4 考虑由下式确定的系统的能控性。

$$\begin{bmatrix}\dot{x}_1\\\dot{x}_2\end{bmatrix}=\begin{bmatrix}1&1\\0&-1\end{bmatrix}\begin{bmatrix}x_1\\x_2\end{bmatrix}+\begin{bmatrix}0\\1\end{bmatrix}u$$

解 由于

$$\det Q=\det[\boldsymbol{B}\quad \boldsymbol{AB}]=\begin{vmatrix}1&1\\0&0\end{vmatrix}=0$$

即 Q 奇异,因此该系统是状态不能控的。

例 2-5 考虑由下式确定的系统的能控性。

$$\begin{bmatrix}\dot{x}_1\\\dot{x}_2\end{bmatrix}=\begin{bmatrix}1&1\\2&-1\end{bmatrix}\begin{bmatrix}x_1\\x_2\end{bmatrix}+\begin{bmatrix}0\\1\end{bmatrix}u$$

解 由于

$$\det Q=\det[\boldsymbol{B}\quad \boldsymbol{AB}]=\begin{vmatrix}0&1\\1&-1\end{vmatrix}\neq0$$

即 Q 非奇异,因此系统是状态能控的。

2. PBH 判据

1)秩判据

系统式(2-35)完全能控的充要条件是:对于矩阵 $\boldsymbol{A}$ 的所有特征值 $\lambda_i(i=1,2,\cdots,n)$,

$$\operatorname{rank}[\lambda_i\boldsymbol{I}-\boldsymbol{A}\quad \boldsymbol{B}]=n,\quad i=1,2,\cdots,n \tag{2-39}$$

均成立。

或等价地

$$\operatorname{rank}[s\boldsymbol{I}-\boldsymbol{A}\quad \boldsymbol{B}]=n,\quad \forall s\in\mathbf{C} \tag{2-40}$$

即 $(s\boldsymbol{I}-\boldsymbol{A})$ 和 $\boldsymbol{B}$ 是左互质的,其中 $\mathbf{C}$ 指复数集。

证明 必要性：已知系统能控，欲证式(2-39)成立。

采用反证法。反设对某个 λ_i，有

$$\text{rank}[\lambda_i \boldsymbol{I} - \boldsymbol{A} \quad \boldsymbol{B}] < n$$

则意味着存在一非零向量 $\boldsymbol{\alpha}$，使

$$\boldsymbol{\alpha}^{\text{T}}[\lambda_i \boldsymbol{I} - \boldsymbol{A} \quad \boldsymbol{B}] = \boldsymbol{0}$$

成立。

考虑到一般性，由上式得到

$$\boldsymbol{\alpha}^{\text{T}} \boldsymbol{A} = \lambda_i \boldsymbol{\alpha}^{\text{T}}, \quad \boldsymbol{\alpha}^{\text{T}} \boldsymbol{B} = \boldsymbol{0}$$

进而

$$\boldsymbol{\alpha}^{\text{T}} \boldsymbol{B} = \boldsymbol{0}, \boldsymbol{\alpha}^{\text{T}} \boldsymbol{A} \boldsymbol{B} = \lambda_i \boldsymbol{\alpha}^{\text{T}} \boldsymbol{B} = \boldsymbol{0}, \cdots, \boldsymbol{\alpha}^{\text{T}} \boldsymbol{A}^{n-1} \boldsymbol{B} = \boldsymbol{0}$$

所以

$$\boldsymbol{\alpha}^{\text{T}}[\boldsymbol{B} \quad \boldsymbol{A}\boldsymbol{B} \quad \cdots \quad \boldsymbol{A}^{n-1}\boldsymbol{B}] = \boldsymbol{\alpha}^{\text{T}} \boldsymbol{Q}_{\text{c}} = \boldsymbol{0}$$

由 $\boldsymbol{\alpha}$ 的任意性，得到 $\text{rank} \boldsymbol{Q}_{\text{c}} < n$。

这表明系统不完全能控，与已知条件矛盾。反设不成立。

充分性证明略。

例 2-6 设线性定常系统的状态方程为

$$\dot{\boldsymbol{x}} = \begin{bmatrix} 0 & 1 & 0 & 0 \\ 0 & 0 & -1 & 0 \\ 0 & 0 & 0 & 1 \\ 0 & 0 & 5 & 0 \end{bmatrix} \boldsymbol{x} + \begin{bmatrix} 0 & 1 \\ 1 & 0 \\ 0 & 1 \\ 2 & 0 \end{bmatrix} \boldsymbol{u}, \quad n = 4$$

证明系统的能控性。

解 由状态方程可直接导出

$$[s\boldsymbol{I} - \boldsymbol{A} \quad \boldsymbol{B}] = \begin{bmatrix} s & -1 & 0 & 0 & 0 & 1 \\ 0 & s & 1 & 0 & 1 & 0 \\ 0 & 0 & s & -1 & 0 & 1 \\ 0 & 0 & -5 & s & -2 & 0 \end{bmatrix}$$

可求出 $\boldsymbol{A}$ 的特征值为：$\lambda_1 = \lambda_2 = 0, \lambda_3 = \sqrt{5}, \lambda_4 = -\sqrt{5}$。

当 $s = \lambda_1 = \lambda_2 = 0$ 时，

$$\text{rank}[s\boldsymbol{I} - \boldsymbol{A} \quad \boldsymbol{B}] = 4$$

当 $\lambda_{3,4} = \pm\sqrt{5}$ 时，$\text{rank}[s\boldsymbol{I} - \boldsymbol{A} \quad \boldsymbol{B}] = 4$，所以系统能控。

2）特征向量判据

系统式(2-35)完全能控的充要条件是：矩阵 $\boldsymbol{A}$ 不能有与 $\boldsymbol{B}$ 的所有相正交的非零左特征向量。即对 $\boldsymbol{A}$ 的任一特征值 λ_i，应使同时满足

$$\boldsymbol{\alpha}^{\text{T}} \boldsymbol{A} = \lambda_i \boldsymbol{\alpha}^{\text{T}}, \quad \boldsymbol{\alpha}^{\text{T}} \boldsymbol{B} = \boldsymbol{0} \tag{2-41}$$

的特征向量 $\boldsymbol{\alpha} = \boldsymbol{0}$。

证明略。

3）状态能控性条件的标准形判据

除了上述的代数判据外，关于定常系统能控性的判据还有很多。本部分将给出一种相当直观的方法，这就是从标准形的角度给出的判据。

考虑如下的线性系统：

$$\dot{x}(t) = Ax(t) + Bu(t) \tag{2-42}$$

式中：$x(t) \in \mathbf{R}^n$，$u(t) \in \mathbf{R}^r$，$A \in \mathbf{R}^{n \times n}$，$B \in \mathbf{R}^{n \times r}$。

如果 A 的特征向量互不相同，则可找到一个非奇异线性变换矩阵 P，使得

$$P^{-1}AP = \Lambda = \mathrm{diag}\{\lambda_1, \lambda_2, \cdots, \lambda_n\}$$

注意，如果 A 的特征值相异，那么 A 的特征向量也互不相同；然而，反过来不成立。例如，具有相重特征值的 $n \times n$ 实对称矩阵也有可能有 n 个互不相同的特征向量。还应注意，矩阵 P 的每一列是与 $\lambda_i (i = 1, 2, \cdots, n)$ 有联系的 A 的一个特征向量。

设

$$X = Pz \tag{2-43}$$

将式(2-43)代入式(2-42)，可得

$$\dot{z} = P^{-1}APz + P^{-1}Bu \tag{2-44}$$

定义

$$P^{-1}B = \Gamma = (f_{ij})$$

则可将式(2-44)重写为

$$\begin{aligned}
\dot{z}_1 &= \lambda_1 z_1 + f_{11} u_1 + f_{12} u_2 + \cdots + f_{1r} u_r \\
\dot{z}_2 &= \lambda_2 z_2 + f_{21} u_1 + f_{22} u_2 + \cdots + f_{2r} u_r \\
&\vdots \\
\dot{z}_n &= \lambda_n z_n + f_{n1} u_1 + f_{n2} u_2 + \cdots + f_{nr} u_r
\end{aligned}$$

如果 $n \times r$ 矩阵 Γ 的任一行元素全为零，那么对应的状态变量就不能由任一 u_i 来控制。由于系统状态能控的条件是 A 的特征向量互异，因此当且仅当输入矩阵 $\Gamma = P^{-1}B$ 没有一行的所有元素均为零时，系统才是状态能控的。在应用状态能控的这一条件时，应特别注意，必须将式(2-42)的矩阵 $P^{-1}AP$ 转换成对角线形式。

如果式(2-42)中的矩阵 A 不具有互异的特征值，则不能将其化为对角线形式。在这种情况下，可将 A 化为 Jordan 标准形。例如，若 A 的特征值分别 $\lambda_1, \lambda_1, \lambda_1, \lambda_1, \lambda_1, \lambda_6, \lambda_6, \cdots, \lambda_n$，并且有 $n-7$ 个互异的特征向量，那么 A 的 Jordan 标准形为

$$J = \begin{bmatrix}
\lambda_1 & 1 & 0 & & & & & & 0 \\
0 & \lambda_1 & 1 & & & & & & \\
0 & 0 & \lambda_1 & & & & & & \\
& & & \lambda_1 & 1 & & & & \\
& & & 0 & \lambda_1 & & & & \\
& & & & & \lambda_6 & 1 & & \\
& & & & & & \lambda_6 & & \\
& & & & & & & \ddots & \\
0 & & & & & & & & \lambda_n
\end{bmatrix}$$

其中，在主对角线上的 3×3 和 2×2 子矩阵称为 Jordan 块。

假设能找到一个变换矩阵 S，使得

$$S^{-1}AS = J$$

如果利用

$$X = Sz \tag{2-45}$$

定义一个新的状态向量 z，将式（2-45）代入式（2-42）中，可得到

$$\dot{z} = S^{-1}ASz + S^{-1}Bu \tag{2-46}$$
$$= Jz + \Gamma u$$

下面用秩判据导出系统状态能控的充要条件：

$$[sI-J \quad \overline{B}] = \begin{bmatrix} s-\lambda_1 & -1 & 0 & & & & & b_{11} \\ 0 & s-\lambda_1 & -1 & & & & & b_{12} \\ & & s-\lambda_1 & & & & & b_{13} \\ & & & s-\lambda_1 & -1 & & & b_{21} \\ & & & & s-\lambda_1 & & & b_{22} \\ & & & & & s-\lambda_6 & 1 & b_{31} \\ & & & & & & s-\lambda_6 & b_{32} \end{bmatrix}$$

选择 $s=\lambda_1$，得到

$$[\lambda_1 I-J \quad \overline{B}] = \begin{bmatrix} 0 & -1 & 0 & & & & & b_{11} \\ 0 & 0 & -1 & & & & & b_{12} \\ & & 0 & & & & & b_{13} \\ & & & 0 & -1 & & & b_{21} \\ & & & & 0 & & & b_{22} \\ & & & & & \lambda_1-\lambda_6 & 1 & b_{31} \\ & & & & & & \lambda_1-\lambda_6 & b_{32} \end{bmatrix}$$

其中 $\lambda_1 \neq \lambda_6$，对以上矩阵进行线性变换，得

$$[\lambda_1 I-J \quad \overline{B}] = \begin{bmatrix} 0 & -1 & 0 & & & & & 0 \\ 0 & 0 & -1 & & & & & 0 \\ & & 0 & & & & & b_{13} \\ & & & 0 & -1 & & & 0 \\ & & & & 0 & & & b_{22} \\ & & & & & \lambda_1-\lambda_6 & 1 & 0 \\ & & & & & & \lambda_1-\lambda_6 & 0 \end{bmatrix}$$

即 $[\lambda_i I-A \quad B]$ 为满秩的充要条件为 b_{13} 和 b_{22} 线性无关。

从而系统的状态能控条件可表述为：当且仅当①矩阵特征值两两相异，对应于不同特征值的 $\Gamma=S^{-1}B$ 的每一行的元素不全为零；②矩阵 J 中每一个 Jordan 块的最后一行对应的 $\Gamma=S^{-1}B$ 行向量不全为零；③矩阵 J 中同一特征值 Jordan 块最后一行相对应的 $\Gamma=S^{-1}B$ 行向量线性无关时，系统是状态能控的。

例如，下列系统是状态能控的：

$$\begin{bmatrix} \dot{x}_1 \\ \dot{x}_2 \end{bmatrix} = \begin{bmatrix} -1 & 0 \\ 0 & -2 \end{bmatrix}\begin{bmatrix} x_1 \\ x_2 \end{bmatrix} + \begin{bmatrix} 2 \\ 5 \end{bmatrix}u$$

$$\begin{bmatrix} \dot{x}_1 \\ \dot{x}_2 \\ \dot{x}_3 \end{bmatrix} = \begin{bmatrix} -1 & 1 & 0 \\ 0 & -1 & 0 \\ 0 & 0 & -2 \end{bmatrix} \begin{bmatrix} x_1 \\ x_2 \\ x_3 \end{bmatrix} + \begin{bmatrix} 0 \\ 4 \\ 3 \end{bmatrix} u$$

$$\begin{bmatrix} \dot{x}_1 \\ \dot{x}_2 \\ \dot{x}_3 \\ \dot{x}_4 \\ x_5 \end{bmatrix} = \begin{bmatrix} -2 & 1 & 0 & & 0 \\ 0 & -2 & 1 & & \\ 0 & 0 & -2 & & \\ & & & -5 & 1 \\ 0 & & 0 & & -5 \end{bmatrix} \begin{bmatrix} x_1 \\ x_2 \\ x_3 \\ x_4 \\ x_5 \end{bmatrix} + \begin{bmatrix} 0 & 1 \\ 0 & 0 \\ 3 & 0 \\ 0 & 0 \\ 2 & 1 \end{bmatrix} \begin{bmatrix} u_1 \\ u_2 \end{bmatrix}$$

下列系统是状态不能控的：

$$\begin{bmatrix} \dot{x}_1 \\ \dot{x}_2 \end{bmatrix} = \begin{bmatrix} -1 & 0 \\ 0 & -2 \end{bmatrix} \begin{bmatrix} x_1 \\ x_2 \end{bmatrix} + \begin{bmatrix} 2 \\ 0 \end{bmatrix} u$$

$$\begin{bmatrix} \dot{x}_1 \\ \dot{x}_2 \\ \dot{x}_3 \end{bmatrix} = \begin{bmatrix} -1 & 1 & 0 \\ 0 & -1 & 0 \\ 0 & 0 & -2 \end{bmatrix} \begin{bmatrix} x_1 \\ x_2 \\ x_3 \end{bmatrix} + \begin{bmatrix} 4 & 2 \\ 0 & 0 \\ 3 & 0 \end{bmatrix} \begin{bmatrix} u_1 \\ u_2 \end{bmatrix}$$

$$\begin{bmatrix} \dot{x}_1 \\ \dot{x}_2 \\ \dot{x}_3 \\ \dot{x}_4 \\ \dot{x}_5 \end{bmatrix} = \begin{bmatrix} -2 & 1 & 0 & & 0 \\ 0 & -2 & 1 & & \\ 0 & 0 & -2 & & \\ & & & -5 & 1 \\ 0 & & 0 & & -5 \end{bmatrix} \begin{bmatrix} x_1 \\ x_2 \\ x_3 \\ x_4 \\ x_5 \end{bmatrix} + \begin{bmatrix} 4 \\ 2 \\ 1 \\ 3 \\ 0 \end{bmatrix} u$$

2.3.3 线性连续系统的能观测性

现在讨论线性系统的能观测性。考虑零输入时的状态空间表达式：

$$\dot{x} = Ax \tag{2-47}$$

$$y = Cx \tag{2-48}$$

式中：$x \in \mathbf{R}^n$，$y \in \mathbf{R}^m$，$A \in \mathbf{R}^{n \times n}$，$C \in \mathbf{R}^{m \times n}$。

如果每一个状态 $x(t_0)$ 都可在有限时间间隔 $t_0 \leqslant t \leqslant t_1$ 内，由 $y(t)$ 观测值确定，则称系统为（完全）能观测的。本小节仅讨论线性定常系统。不失一般性，设 $t_0 = 0$。

能观测性的概念非常重要，这是因为在实际问题中，状态反馈控制遇到的难题是一些状态变量不易直接测量。因而在构造控制器时，必须首先估计出不可测量的状态变量。当且仅当系统能观测时，才能对系统状态变量进行观测或估计。

下面讨论能观测性条件时，我们将只考虑由式(2-47)和式(2-48)给定的零输入系统。这是因为，若采用如下状态空间表达式：

$$\dot{x} = Ax + Bu$$

$$y = Cx + Du$$

则

$$x(t) = \mathrm{e}^{At} x(0) + \int_0^t \mathrm{e}^{A(t-\tau)} Bu(\tau) \mathrm{d}\tau$$

从而

$$y(t) = C\mathrm{e}^{At} x(0) + C\int_0^t \mathrm{e}^{A(t-\tau)} Bu(\tau) \mathrm{d}\tau + Du$$

由于矩阵 A、B、C 和 D 均已知,$u(t)$ 也已知,则上式右端的最后两项已知,因此它们可以从被测量值 $y(t)$ 中消去。由此可知,研究能观测性的充要条件,只需考虑式(2-47)和式(2-48)所描述的零输入系统就可以了。

1. 定常系统状态能观测性的代数判据

考虑由式(2-47)和式(2-48)所描述的线性定常系统,将其重写为

$$\dot{x} = Ax$$

$$y = Cx$$

易知,其输出向量为

$$y(t) = Ce^{At}x(0)$$

将 e^{At} 写为 A 的有限项的形式,即

$$e^{At} = \sum_{k=0}^{n-1} \alpha_k(t)A^k$$

因而

$$y(t) = \sum_{k=0}^{n-1} \alpha_k(t)CA^k x(0)$$

$$y(t) = \alpha_0(t)Cx(0) + \alpha_1(t)CAx(0) + \cdots + \alpha_{n-1}(t)CA^{n-1}x(0) \tag{2-49}$$

显然,如果系统是能观测的,那么在 $0 \leqslant t \leqslant t_1$ 时间间隔内,给定输出 $y(t)$,就可由式(2-49)唯一地确定 $x(0)$。可以证明,这就要求 $nm \times n$ 能观测性矩阵

$$R = \begin{bmatrix} C \\ CA \\ \vdots \\ CA^{n-1} \end{bmatrix} \tag{2-50}$$

的秩为 n。

代数判据:由式(2-47)和式(2-48)所描述的线性定常系统,当且仅当 $n \times nm$ 能观测性矩阵

$$R^T = \begin{bmatrix} C^T & A^T C^T & \cdots & (A^T)^{n-1}C^T \end{bmatrix}$$

的秩为 n,即 $\text{rank}R^T = n$ 时,该系统才是能观测的。

例 2-7 试判断由式

$$\begin{bmatrix} \dot{x}_1 \\ \dot{x}_2 \end{bmatrix} = \begin{bmatrix} 1 & 1 \\ -2 & -1 \end{bmatrix} \begin{bmatrix} x_1 \\ x_2 \end{bmatrix} + \begin{bmatrix} 0 \\ 1 \end{bmatrix} u$$

$$y = \begin{bmatrix} 1 & 0 \end{bmatrix} \begin{bmatrix} x_1 \\ x_2 \end{bmatrix}$$

所描述的系统是否为能控和能观测的。

解 由于能控性矩阵

$$Q = \begin{bmatrix} B & AB \end{bmatrix} = \begin{bmatrix} 0 & 1 \\ 1 & -1 \end{bmatrix}$$

的秩为 2,即 $\text{rank}Q = 2 = n$,故该系统是状态能控的。

输出能控性可由系统输出能控性矩阵的秩确定。由于

$$Q' = \begin{bmatrix} CB & CAB \end{bmatrix} = \begin{bmatrix} 0 & 1 \end{bmatrix}$$

的秩为 1,即 $\mathrm{rank}Q'=1=m$,故该系统是输出能控的。

为了检验能观测性条件,我们来验算能观测性矩阵的秩。由于

$$R^{\mathrm{T}}=\begin{bmatrix}C^{\mathrm{T}} & A^{\mathrm{T}}C^{\mathrm{T}}\end{bmatrix}=\begin{bmatrix}1 & 1\\0 & 1\end{bmatrix}$$

的秩为 2,即 $\mathrm{rank}R^{\mathrm{T}}=2=n$,故此系统是能观测的。

2. PBH 秩判据

线性定常系统完全能观测的充要条件是:对于 A 的所有特征值 $\lambda_i(i=1,2,\cdots,n)$,

$$\mathrm{rank}\begin{bmatrix}C\\\lambda_i I-A\end{bmatrix}=n,\quad i=1,2,\cdots,n \tag{2-51}$$

均成立。

或等价地表示为

$$\mathrm{rank}\begin{bmatrix}C\\sI-A\end{bmatrix}=n,\quad \forall s\in\mathbb{C} \tag{2-52}$$

即 $(sI-A)$ 和 C 是右互质的。

3. PBH 特征向量判据

线性定常系统完全能观测的充要条件是:A 没有与 C 的所有行相正交的非零右特征向量。即对 A 的任一特征值 $\lambda_i(i=1,2,\cdots,n)$,使同时满足

$$A\bar{\alpha}=\lambda_i\bar{\alpha},\quad C\bar{\alpha}=0 \tag{2-53}$$

的特征值 $\bar{\alpha}=0$。

4. 状态能观测性条件的标准形判据

考虑由式(2-47)和式(2-48)所描述的线性定常系统,将其重写为

$$\dot{x}=Ax \tag{2-54}$$
$$y=Cx \tag{2-55}$$

设非奇异线性变换矩阵 P 可将 A 化为对角线矩阵:

$$P^{-1}AP=\Lambda$$

式中:$\Lambda=\mathrm{diag}\{\lambda_1,\lambda_2,\cdots,\lambda_n\}$,为对角线矩阵。定义

$$x=Pz$$

式(2-54)和式(2-55)可写为如下对角线标准形

$$\dot{z}=P^{-1}APz=\Lambda z$$
$$y=CPz$$

因此

$$y(t)=CP\mathrm{e}^{\Lambda t}z(0)$$

$$y(t)=CP\begin{bmatrix}\mathrm{e}^{\lambda_1 t} & & & 0\\ & \mathrm{e}^{\lambda_2 t} & & \\ & & \ddots & \\ 0 & & & \mathrm{e}^{\lambda_n t}\end{bmatrix}z(0)=CP\begin{bmatrix}\mathrm{e}^{\lambda_1 t}z_1(0)\\\mathrm{e}^{\lambda_2 t}z_2(0)\\\vdots\\\mathrm{e}^{\lambda_n t}z_n(0)\end{bmatrix}$$

如果 $m\times n$ 矩阵 CP 的任一列中都不含全为零的元素,那么系统是能观测的。这是因为,如果 CP 的第 i 列含全为零的元素,则在输出方程中将不出现状态变量 $z_i(0)$,因而不能

由 $y(t)$ 得到 $z_i(0)$。

上述判断方法只适用于能将系统的状态空间表达式式(2-54)和式(2-55)化为对角线标准形的情况。

如果不能将式(2-54)和式(2-55)变换为对角线标准形,则可利用一个合适的线性变换矩阵 $\boldsymbol{S}$,将其中的系统矩阵 $\boldsymbol{A}$ 变换为 Jordan 标准形。

$$\boldsymbol{S}^{-1}\boldsymbol{A}\boldsymbol{S}=\boldsymbol{J}$$

式中:$\boldsymbol{J}$ 为 Jordan 标准形矩阵。

定义

$$\boldsymbol{x}=\boldsymbol{S}\boldsymbol{z}$$

则式(2-54)和式(2-55)可写为如下 Jordan 标准形:

$$\dot{\boldsymbol{z}}=\boldsymbol{S}^{-1}\boldsymbol{A}\boldsymbol{S}\boldsymbol{z}=\boldsymbol{J}\boldsymbol{z}$$
$$\boldsymbol{y}=\boldsymbol{C}\boldsymbol{S}\boldsymbol{z}$$

因此

$$\boldsymbol{y}(t)=\boldsymbol{C}\boldsymbol{S}\mathrm{e}^{\boldsymbol{J}t}\boldsymbol{z}(0)$$

系统能观测的充要条件为:①$\boldsymbol{J}$ 中没有两个 Jordan 块与同一特征值有关;②与每个 Jordan 块的第一行相对应的矩阵 $\boldsymbol{C}\boldsymbol{S}$ 列中,没有一列元素全为零;③与相异特征值对应的矩阵 $\boldsymbol{C}\boldsymbol{S}$ 列中,没有一列包含的元素全为零。

为了说明条件②,在下面的系统中,对应于每个 Jordan 块的第一行的 $\boldsymbol{C}\boldsymbol{S}$ 列的元素加下划线表示。

下列系统是能观测的:

$$\begin{bmatrix}\dot{x}_1\\\dot{x}_2\end{bmatrix}=\begin{bmatrix}-1&0\\0&-2\end{bmatrix}\begin{bmatrix}x_1\\x_2\end{bmatrix},\quad \boldsymbol{y}=\begin{bmatrix}\underline{1}&\underline{3}\end{bmatrix}\begin{bmatrix}x_1\\x_2\end{bmatrix}$$

$$\begin{bmatrix}\dot{x}_1\\\dot{x}_2\\\dot{x}_3\end{bmatrix}=\begin{bmatrix}2&1&0\\0&2&1\\0&0&2\end{bmatrix}\begin{bmatrix}x_1\\x_2\\x_3\end{bmatrix},\quad \begin{bmatrix}y_1\\y_2\end{bmatrix}=\begin{bmatrix}\underline{3}&0&0\\\underline{4}&0&0\end{bmatrix}\begin{bmatrix}x_1\\x_2\\x_3\end{bmatrix}$$

$$\begin{bmatrix}\dot{x}_1\\\dot{x}_2\\\dot{x}_3\\\dot{x}_4\\\dot{x}_5\end{bmatrix}=\begin{bmatrix}2&1&0&&0\\0&2&1&&\\0&0&2&&\\&&&-3&1\\0&&&0&-3\end{bmatrix}\begin{bmatrix}x_1\\x_2\\x_3\\x_4\\x_5\end{bmatrix},\quad \begin{bmatrix}y_1\\y_2\end{bmatrix}=\begin{bmatrix}\underline{1}&1&1&\underline{0}&0\\\underline{0}&1&1&\underline{1}&0\end{bmatrix}\begin{bmatrix}x_1\\x_2\\x_3\\x_4\\x_5\end{bmatrix}$$

显然,下列系统是不能观测的:

$$\begin{bmatrix}\dot{x}_1\\\dot{x}_2\end{bmatrix}=\begin{bmatrix}-1&0\\0&-2\end{bmatrix}\begin{bmatrix}x_1\\x_2\end{bmatrix},\quad \boldsymbol{y}=\begin{bmatrix}\underline{0}&1\end{bmatrix}\begin{bmatrix}x_1\\x_2\end{bmatrix}$$

$$\begin{bmatrix}\dot{x}_1\\\dot{x}_2\\\dot{x}_3\end{bmatrix}=\begin{bmatrix}2&1&0\\0&2&1\\0&0&2\end{bmatrix}\begin{bmatrix}x_1\\x_2\\x_3\end{bmatrix},\quad \begin{bmatrix}y_1\\y_2\end{bmatrix}=\begin{bmatrix}\underline{0}&1&3\\\underline{0}&2&4\end{bmatrix}\begin{bmatrix}x_1\\x_2\\x_3\end{bmatrix}$$

$$\begin{bmatrix} \dot{x}_1 \\ \dot{x}_2 \\ \dot{x}_3 \\ \dot{x}_4 \\ \dot{x}_5 \end{bmatrix} = \begin{bmatrix} 2 & 1 & 0 & & 0 \\ 0 & 2 & 1 & & \\ 0 & 0 & 2 & & \\ & & & -3 & 1 \\ 0 & & 0 & & -3 \end{bmatrix} \begin{bmatrix} x_1 \\ x_2 \\ x_3 \\ x_4 \\ x_5 \end{bmatrix}, \quad \begin{bmatrix} y_1 \\ y_2 \end{bmatrix} = \begin{bmatrix} 1 & 1 & 1 & 0 & 0 \\ 0 & 1 & 1 & 0 & 0 \end{bmatrix} \begin{bmatrix} x_1 \\ x_2 \\ x_3 \\ x_4 \\ x_5 \end{bmatrix}$$

2.3.4　对偶原理

下面讨论能控性和能观测性之间的关系。为了阐明能控性和能观测性之间明显的相似性，这里将介绍由 R. E. Kalman 提出的对偶原理。

考虑由下述状态空间表达式描述的系统 S_1：
$$\dot{x} = Ax + Bu$$
$$y = Cx$$
式中：$x \in \mathbf{R}^n, u \in \mathbf{R}^r, y \in \mathbf{R}^m, A \in \mathbf{R}^{n \times n}, B \in \mathbf{R}^{n \times r}, C \in \mathbf{R}^{m \times n}$。

以及由下述状态空间表达式定义的对偶系统 S_2：
$$\dot{z} = A^{\mathrm{T}} z + C^{\mathrm{T}} v$$
$$n = B^{\mathrm{T}} z$$
式中：$z \in \mathbf{R}^n, v \in \mathbf{R}^m, n \in \mathbf{R}^r, A^{\mathrm{T}} \in \mathbf{R}^{n \times n}, C^{\mathrm{T}} \in \mathbf{R}^{n \times m}, B^{\mathrm{T}} \in \mathbf{R}^{r \times n}$。

对偶原理　当且仅当系统 S_2 状态能观测（状态能控）时，系统 S_1 才是状态能控（状态能观测）的。

为了验证这个原理，下面写出系统 S_1 和 S_2 的状态能控和能观测的充要条件。

对于系统 S_1：

（1）状态能控的充要条件是 $n \times nr$ 能控性矩阵
$$\begin{bmatrix} B & AB & \cdots & A^{n-1}B \end{bmatrix}$$
的秩为 n。

（2）状态能观测的充要条件是 $n \times nm$ 能观测性矩阵
$$\begin{bmatrix} C^{\mathrm{T}} & A^{\mathrm{T}}C^{\mathrm{T}} & \cdots & (A^{\mathrm{T}})^{n-1}C^{\mathrm{T}} \end{bmatrix}$$
的秩为 n。

对于系统 S_2：

（1）状态能控的充要条件是 $n \times nm$ 能控性矩阵
$$\begin{bmatrix} C^{\mathrm{T}} & A^{\mathrm{T}}C^{\mathrm{T}} & \cdots & (A^{\mathrm{T}})^{n-1}C^{\mathrm{T}} \end{bmatrix}$$
的秩为 n。

（2）状态能观测的充要条件是 $n \times nr$ 能观测性矩阵
$$\begin{bmatrix} B & AB & \cdots & A^{n-1}B \end{bmatrix}$$
的秩为 n。

对比这些条件，可以很明显地看出对偶原理的正确性。根据此原理，一个给定系统的能观测性可用其对偶系统的状态能控性来检验和判断。

简单地说，对偶性有如下关系：
$$A \Rightarrow A^{\mathrm{T}}, \quad B \Rightarrow C^{\mathrm{T}}, \quad C \Rightarrow B^{\mathrm{T}}$$

2.4 稳 定 性

2.4.1 稳定性概述

线性定常系统的稳定性分析方法很多。然而,对于非线性系统和线性时变系统,这些稳定性分析方法实现起来可能非常困难,甚至不可能。李雅普诺夫(Lyapunov)稳定性分析是解决非线性系统稳定性问题的一般方法。

1892年,伟大的俄国数学家、力学家亚历山大·米哈依诺维奇·李雅普诺夫(A. M. Lyapunov)(1857—1918年)创造性地发表了博士论文《运动稳定性的一般问题》,给出了稳定性概念的严格数学定义,并提出了解决稳定性问题的方法,从而奠定了现代稳定性理论的基础。

在这一历史性著作中,李雅普诺夫研究了平衡状态及其稳定性、运动及其稳定性、扰动方程的稳定性,得到了系统 $\dot{x}=f(x,t)$ 的给定运动 $x=\varphi(t)$(包括平衡状态 $x=x_e$)的稳定性,等价于给定运动 $x=\varphi(t)$(包括平衡状态 $x=x_e$)的扰动方程 $\dot{\tilde{x}}=\tilde{f}(\tilde{x},t)$ 之原点(或零解)的稳定性。

在上述基础上,李雅普诺夫提出了两类解决稳定性问题的方法,即李雅普诺夫第一法和李雅普诺夫第二法。

李雅普诺夫第一法通过求解微分方程的解来分析运动稳定性,即通过分析非线性系统线性化方程特征值的分布来判别原非线性系统的稳定性。

李雅普诺夫第二法则是一种定性方法,它无须求解复杂的非线性微分方程,而通过构造一个李雅普诺夫函数,来得到稳定性的结论。这一方法在学术界得到广泛应用,影响极其深远。一般我们所说的李雅普诺夫方法就是李雅普诺夫第二法。

虽然在非线性系统的稳定性分析中,李雅普诺夫稳定性理论具有基础性的地位,但在具体确定许多非线性系统的稳定性时,却并不是那么简单的。技巧和经验在解决非线性问题时显得非常重要。在本章中,对于实际非线性系统的稳定性分析仅限于几种简单的情况。

2.4.2 李雅普诺夫意义下的稳定性问题

对于一个给定的控制系统,稳定性分析通常是最重要的。如果系统是线性定常的,那么有许多稳定性判据,如劳斯-赫尔维茨(Routh-Hurwitz)稳定性判据和奈奎斯特(Nyquist)稳定性判据等可以利用。然而,如果系统是非线性的,或是线性时变的,则上述稳定性判据就将不再适用。

本小节所要介绍的李雅普诺夫第二法(也称李雅普诺夫直接法)是确定非线性系统和线性时变系统稳定性的最一般的方法。当然,这种方法也可适用于线性定常系统的稳定性分析。此外,它还可应用于线性二次型最优控制等许多问题。

1. 平衡状态、给定运动与扰动方程的原点

考虑如下非线性系统:

$$\dot{x}=f(x,t) \tag{2-56}$$

式中：x 为 n 维状态向量；$f(x,t)$ 是变量 $x_1,x_2,\cdots,x_n$ 和 t 的 n 维向量函数。假设在给定初始条件下，式(2-56)有唯一解 $\boldsymbol{\Phi}(t;x_0,t_0)$，且当 $t=t_0$ 时，$x=x_0$。于是

$$\boldsymbol{\Phi}(t_0;x_0,t_0)=x_0$$

在式(2-56)描述的系统中，若对所有 t 总存在

$$f(x_e,t)\equiv 0 \tag{2-57}$$

则称 x_e 为系统的平衡状态或平衡点。如果系统是线性定常的，也就是说 $f(x,t)=Ax$，则当 A 为非奇异矩阵时，系统存在一个唯一的平衡状态 $x_e=0$；当 A 为奇异矩阵时，系统将存在无穷多个平衡状态。非线性系统有一个或多个平衡状态，这些状态对应系统的常值解(对所有 t，总存在 $x=x_e$)。

任意一个孤立的平衡状态(即彼此孤立的平衡状态)或给定运动 $x=\varphi(t)$ 都可通过坐标变换，统一化为扰动方程 $\dot{\tilde{x}}=\tilde{f}(\tilde{x},t)$ 的坐标原点，即 $\tilde{f}(0,t)=0$ 或 $\tilde{x}_e=0$。在本章中，除非特别说明，我们仅讨论扰动方程关于原点处的平衡状态的稳定性问题。这种所谓"原点稳定性问题"使问题得到极大简化，又不会丧失一般性，为稳定性理论的建立奠定了坚实的基础，这是李雅普诺夫的一个重要贡献。

2. 李雅普诺夫意义下的稳定性定义

下面首先给出李雅普诺夫意义下的稳定性定义，然后回顾某些必要的数学基础知识，以便在 2.4.3 节具体给出李雅普诺夫稳定性理论。

定义 2-8 设系统

$$\dot{x}=f(x,t),\quad f(x_e,t)\equiv 0$$

的平衡状态 $x_e=0$ 的 H 邻域为

$$\|x-x_e\|\leqslant H$$

式中：$H>0$，$\|\cdot\|$ 为向量的二范数或欧几里得范数，即

$$\|x-x_e\|=[(x_1-x_{1e})^2+(x_2-x_{2e})^2+\cdots+(x_n-x_{ne})^2]^{1/2}$$

类似地，也可以相应定义球域 $S(\varepsilon)$ 和 $S(\delta)$。

在 H 邻域内，若对于任意给定的 $0<\varepsilon<H$，均有以下几点。

(1) 如果对应每一个 $S(\varepsilon)$，存在一个 $S(\delta)$，使得当 t 趋于无穷时，始于 $S(\delta)$ 的轨迹不脱离 $S(\varepsilon)$，则定义 2-8 描述的系统的平衡状态 $x_e=0$ 称为在李雅普诺夫意义下是稳定的。一般地，实数 δ 与 ε 有关，通常也与 t_0 有关。如果 δ 与 t_0 无关，则称此时的平衡状态 $x_e=0$ 为一致稳定的平衡状态。

以上定义意味着：首先选择一个球域 $S(\varepsilon)$，对应每一个 $S(\varepsilon)$，必存在一个球域 $S(\delta)$，使得当 t 趋于无穷时，始于 $S(\delta)$ 的轨迹总不脱离球域 $S(\varepsilon)$。

(2) 如果平衡状态 $x_e=0$ 在李雅普诺夫意义下是稳定的，并且始于球域 $S(\delta)$ 的任一条轨迹，当时间 t 趋于无穷时，都不脱离 $S(\varepsilon)$，且收敛于 $x_e=0$，则称定义 2-8 描述的系统的平衡状态 $x_e=0$ 为渐近稳定的，其中球域 $S(\delta)$ 被称为平衡状态 $x_e=0$ 的吸引域。

类似地，如果 δ 与 t_0 无关，则称此时的平衡状态 $x_e=0$ 为一致渐近稳定的。

实际上，渐近稳定性比李雅普诺夫意义下的稳定性更重要。考虑到非线性系统的渐近稳定性是一个局部概念，渐近稳定性确定后并不意味着系统能正常工作。通常有必要确定渐近稳定性的最大范围或吸引域。它是发生渐近稳定轨迹的那部分状态空间。换句话说，发生于吸引域内的每一个轨迹都是渐近稳定的。

(3) 对所有的状态(状态空间中的所有点),如果由这些状态出发的轨迹都保持渐近稳定性,则平衡状态 $x_e = 0$ 称为大范围渐近稳定。或者说,如果定义 2-8 描述的系统的平衡状态 $x_e = 0$ 渐近稳定的吸引域为整个状态空间,则称此时系统的平衡状态 $x_e = 0$ 为大范围渐近稳定的。显然,大范围渐近稳定的必要条件是在整个状态空间中只有一个平衡状态。

在控制工程问题中,总希望系统具有大范围渐近稳定的特性。如果平衡状态不是大范围渐近稳定的,那么问题就转化为确定渐近稳定的最大范围或吸引域,这通常非常困难。然而,对所有的实际问题,确定一个足够大的渐近稳定的吸引域,以致扰动不会超过它就可以了。

(4) 如果对于某个实数 $\varepsilon > 0$ 和任一个实数 $\delta > 0$,不管这两个实数多么小,在 $S(\delta)$ 内总存在一个状态 x_0,使得始于这一状态的轨迹最终会脱离开 $S(\varepsilon)$,那么平衡状态 $x_e = 0$ 称为不稳定的。

图 2-1(a)、(b)和(c)所示分别是稳定平衡状态、渐近稳定平衡状态和不稳定平衡状态的典型轨迹。在图 2-1(a)、(b)和(c)中,球域 $S(\delta)$ 制约着初始状态 x_0,而球域 $S(\varepsilon)$ 是起始于 x_0 的轨迹的边界。

注意,由于上述定义不能详细地说明可容许初始条件的精确吸引域,因此除非 $S(\varepsilon)$ 对应于整个状态平面,否则这些定义只能应用于平衡状态的邻域。

此外,在图 2-1(c)中,轨迹离开了 $S(\varepsilon)$,这说明平衡状态是不稳定的,却不能说明轨迹将趋于无穷远,这是因为轨迹还可能趋于在 $S(\varepsilon)$ 外的某个极限环(如果线性定常系统是不稳定的,则在不稳定平衡状态附近出发的轨迹将趋于无穷远。但在非线性系统中,这一结论并不一定正确)。

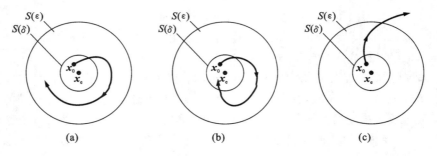

图 2-1　不同平衡状态

(a)稳定平衡状态及轨迹;(b)渐近稳定平衡状态及轨迹;(c)不稳定平衡状态及轨迹

上述各定义的内容,对于理解本章介绍的线性和非线性系统的稳定性分析,是最低限度的要求。注意,这些定义不是确定平衡状态稳定性概念的唯一方法。实际上,在其他文献中还有另外的定义。对于线性系统,渐近稳定等价于大范围渐近稳定。但对于非线性系统,一般只考虑吸引域为有限范围的渐近稳定。

最后指出,在经典控制理论中,我们已经学过稳定性概念,它与李雅普诺夫意义下的稳定性概念是有一定的区别的。例如,在经典控制理论中只有渐近稳定的系统才能称为稳定系统;而仅在李雅普诺夫意义下是稳定的,但不是渐近稳定的系统,则被称为不稳定系统。两者的区别与联系如表 2-1 所示。

表 2-1 线性系统稳定性概念与李雅普诺夫意义下的稳定性概念

稳定性概念	稳 定 情 况		
经典控制理论(线性系统)	不稳定(Re(S)>0)	临界情况(Re(S)=0)	稳定(Re(S)<0)
李雅普诺夫意义下	不稳定	稳定	渐近稳定

3. 预备知识

1) 纯量函数的正定性

如果对所有在域 Ω 中的非零状态 $\boldsymbol{x} \neq \boldsymbol{0}$,有 $V(\boldsymbol{x})>0$,且在 $\boldsymbol{x}=\boldsymbol{0}$ 处有 $V(0)=0$,则在域 Ω(域 Ω 包含状态空间的原点)内的纯量函数 $V(\boldsymbol{x})$ 称为正定函数。

如果时变函数 $V(\boldsymbol{x},t)$ 由一个定常的正定函数作为下限,即存在一个正定函数 $V(\boldsymbol{x})$,使得

$$\begin{cases} V(\boldsymbol{x},t) > V(\boldsymbol{x}), & t \geqslant t_0 \\ V(0,t) = 0, & t \geqslant t_0 \end{cases}$$

则称时变函数 $V(\boldsymbol{x},t)$ 在域 Ω(域 Ω 包含状态空间原点)内是正定的。

2) 纯量函数的负定性

如果 $-V(\boldsymbol{x})$ 是正定函数,则纯量函数 $V(\boldsymbol{x})$ 称为负定函数。

3) 纯量函数的正半定性

如果纯量函数 $V(\boldsymbol{x})$ 除了在原点以及某些状态等于零外,在域 Ω 内的所有状态都是正定的,则 $V(\boldsymbol{x})$ 称为正半定纯量函数。

4) 纯量函数的负半定性

如果 $-V(\boldsymbol{x})$ 是正半定函数,则纯量函数 $V(\boldsymbol{x})$ 称为负半定函数。

5) 纯量函数的不定性

如果在域 Ω 内,不论域 Ω 多么小,$V(\boldsymbol{x})$ 既可为正值,也可为负值,则纯量函数 $V(\boldsymbol{x})$ 称为不定的纯量函数。

假设 $\boldsymbol{x}$ 为二维向量,则纯量函数 $V(\boldsymbol{x})=x_1^2+2x_2^2$ 是正定的;$V(\boldsymbol{x})=(x_1+x_2)^2$ 是正半定的;$V(\boldsymbol{x})=-x_1^2-(3x_1+2x_2)^2$ 是负定的;$V(\boldsymbol{x})=x_1x_2+x_2^2$ 是不定的;$V(\boldsymbol{x})=x_1^2+\dfrac{2x_2^2}{1+x_2^2}$ 是正定的。

6) 二次型

建立在李雅普诺夫第二法基础上的稳定性分析中,有一类纯量函数起着很重要的作用,即二次型函数。例如,

$$V(\boldsymbol{x}) = \boldsymbol{x}^\mathrm{T}\boldsymbol{P}\boldsymbol{x} = \begin{bmatrix} x_1 & x_2 & \cdots & x_n \end{bmatrix} \begin{bmatrix} p_{11} & p_{12} & \cdots & p_{1n} \\ p_{12} & p_{22} & \cdots & p_{2n} \\ \vdots & \vdots & & \vdots \\ p_{1n} & p_{2n} & \cdots & p_{nn} \end{bmatrix} \begin{bmatrix} x_1 \\ x_2 \\ \vdots \\ x_n \end{bmatrix}$$

注意,这里的 $\boldsymbol{x}$ 为实向量,$\boldsymbol{P}$ 为实对称矩阵。

7) 复二次型或 Hermite 型

如果 $\boldsymbol{x}$ 是 n 维复向量,$\boldsymbol{P}$ 为 Hermite 矩阵,则该复二次型函数称为 Hermite 型函数。例如,

$$V(\boldsymbol{x}) = \boldsymbol{x}^{\mathrm{H}} \boldsymbol{P} \boldsymbol{x} = \begin{bmatrix} \overline{x_1} & \overline{x_2} & \cdots & \overline{x_n} \end{bmatrix} \begin{bmatrix} p_{11} & p_{12} & \cdots & p_{1n} \\ \overline{p}_{12} & p_{22} & \cdots & p_{2n} \\ \vdots & \vdots & & \vdots \\ \overline{p}_{1n} & \overline{p}_{2n} & \cdots & p_{nn} \end{bmatrix} \begin{bmatrix} x_1 \\ x_2 \\ \vdots \\ x_n \end{bmatrix}$$

在基于状态空间的稳定性分析中,经常使用 Hermite 型,而不使用二次型,这是因为 Hermite 型比二次型更具一般性(对于实向量 $\boldsymbol{x}$ 和实对称矩阵 $\boldsymbol{P}$,Hermite 型 $\boldsymbol{x}^{\mathrm{H}}\boldsymbol{P}\boldsymbol{x}$ 等于二次型 $\boldsymbol{x}^{\mathrm{T}}\boldsymbol{P}\boldsymbol{x}$)。

二次型或者 Hermite 型 $V(\boldsymbol{x})$ 的正定性可用西尔维斯特准则判断。该准则指出,二次型或 Hermite 型 $V(\boldsymbol{x})$ 为正定的充要条件是矩阵 $\boldsymbol{P}$ 的所有主子行列式均为正值,即

$$p_{11} > 0, \quad \begin{vmatrix} p_{11} & p_{12} \\ \overline{p}_{12} & p_{22} \end{vmatrix} > 0, \cdots, \quad \begin{vmatrix} p_{11} & p_{12} & \cdots & p_{1n} \\ \overline{p}_{12} & p_{22} & \cdots & p_{2n} \\ \vdots & \vdots & & \vdots \\ \overline{p}_{1n} & \overline{p}_{2n} & \cdots & p_{nn} \end{vmatrix} > 0$$

注意,$\overline{p}_{ij}$ 是 p_{ij} 的复共轭。对于二次型,$\overline{p}_{ij} = p_{ij}$。

如果 $\boldsymbol{P}$ 是奇异矩阵,且它的所有主子行列式均非负,则 $V(\boldsymbol{x}) = \boldsymbol{x}^{\mathrm{H}}\boldsymbol{P}\boldsymbol{x}$ 是正半定的。

如果 $-V(\boldsymbol{x})$ 是正定的,则 $V(\boldsymbol{x})$ 是负定的。同样,如果 $-V(\boldsymbol{x})$ 是正半定的,则 $V(\boldsymbol{x})$ 是负半定的。

例 2-8 试证明下列二次型是正定的。

$$V(\boldsymbol{x}) = 10x_1^2 + 4x_2^2 + x_3^2 + 2x_1 x_2 - 2x_2 x_3 - 4x_1 x_3$$

解 二次型 $V(\boldsymbol{x})$ 可写为

$$V(\boldsymbol{x}) = \boldsymbol{x}^{\mathrm{T}} \boldsymbol{P} \boldsymbol{x} = \begin{bmatrix} x_1 & x_2 & x_3 \end{bmatrix} \begin{bmatrix} 10 & 1 & -2 \\ 1 & 4 & -1 \\ -2 & -1 & 1 \end{bmatrix} \begin{bmatrix} x_1 \\ x_2 \\ x_3 \end{bmatrix}$$

利用西尔维斯特准则,可得

$$10 > 0, \quad \begin{vmatrix} 10 & 1 \\ 1 & 4 \end{vmatrix} > 0, \quad \begin{vmatrix} 10 & 1 & -2 \\ 1 & 4 & -1 \\ -2 & -1 & 1 \end{vmatrix} > 0$$

因为矩阵 $\boldsymbol{P}$ 的所有主子行列式均为正值,所以 $V(\boldsymbol{x})$ 是正定的。

2.4.3 李雅普诺夫稳定性理论

1892 年,李雅普诺夫提出了两种方法(李雅普诺夫第一法和李雅普诺夫第二法),用于确定由常微分方程描述的动力学系统的稳定性。

李雅普诺夫第一法包括利用微分方程显式解进行系统分析的所有步骤,也称为间接法。

李雅普诺夫第二法不需要求出微分方程的解,也就是说,采用李雅普诺夫第二法,可以在不求出状态方程解的条件下,确定系统的稳定性。由于求解非线性系统和线性时变系统的状态方程通常十分困难,因此这种方法显示出极大的优越性。李雅普诺夫第二法也称为直接法。

尽管采用李雅普诺夫第二法分析非线性系统的稳定性时,需要一定的经验和技巧,但是当其他方法无效时,这种方法能解决非线性系统的稳定性问题。

1. 李雅普诺夫第一法

基本思路是：首先将非线性系统线性化，然后计算线性化方程的特征值，最后根据线性化方程的特征值判定原非线性系统的稳定性。

设非线性系统的状态方程为

$$\dot{x} = f(x, t), \quad f(x_e, t) \equiv 0$$

或写成

$$\dot{x}_i = f_i(x_1, x_2, \cdots, x_n, t), \quad i = 1, 2, \cdots, n$$

将非线性函数 $f_i(\cdot)$ 在平衡状态 $x_e = 0$ 处附近展开成泰勒（Taylor）级数，则有

$$f_i(x_1, x_2, \cdots, x_n, t) = f_{i0} + \frac{\partial f_i}{\partial x_1} x_1 + \frac{\partial f_i}{\partial x_2} x_2 + \cdots + \frac{\partial f_i}{\partial x_n} x_n + \overline{f}_i(x_1, x_2, \cdots, x_n, t)$$

式中：f_{i0} 为常数；$\partial f_i / \partial x_j$ 为一次项系数；$\overline{f}_i(x_1, x_2, \cdots, x_n, t)$ 为所有高次项之和。

由于 $f_i(0, 0, \cdots, 0, t) = f_{i0} \equiv 0$，故线性化方程为

$$\dot{x} = Ax$$

其中，

$$A = \frac{\partial f(x, t)}{\partial x^{\mathrm{T}}} = \begin{bmatrix} \dfrac{\partial f_1}{\partial x_1} & \dfrac{\partial f_1}{\partial x_2} & \cdots & \dfrac{\partial f_1}{\partial x_n} \\[2mm] \dfrac{\partial f_2}{\partial x_1} & \dfrac{\partial f_2}{\partial x_2} & \cdots & \dfrac{\partial f_2}{\partial x_n} \\[2mm] \vdots & \vdots & & \vdots \\[2mm] \dfrac{\partial f_n}{\partial x_1} & \dfrac{\partial f_n}{\partial x_2} & \cdots & \dfrac{\partial f_n}{\partial x_n} \end{bmatrix}$$

为雅可比（Jacobian）矩阵。

线性化方程（忽略高阶小量）是一种十分重要且应用广泛的近似分析方法。这是因为，在工程技术中，很多系统实质上都是非线性的，而非线性系统求解十分困难，所以经常使用线性化系统去近似它。

然而这样做是否正确？我们知道，线性（化）系统与非线性系统具有根本的区别，如只有非线性系统才会出现自振、突变、自组织、混沌等，因此一般说来，线性化系统的解和有关结论是不能随意推广到原来的非线性系统的。现在我们把问题的范围缩小，只考虑 $x_e = 0$ 的稳定性问题，并指出在什么条件下，可用线性化系统代替原非线性系统。李雅普诺夫证明了三个定理，给出了明确的结论。应该指出，这些定理为线性化方法奠定了理论基础，从而具有重要的理论与实际意义。

定理 2-2（李雅普诺夫） 如果线性化系统的系统矩阵 A 的所有特征值都具有负实部，则原非线性系统的平衡状态 $x_e = 0$ 总是渐近稳定的，而且系统的稳定性与高阶导数项无关。

定理 2-3（李雅普诺夫） 如果线性化系统的系统矩阵 A 的特征值中，至少有一个具有正实部，则不论高阶导数项的情况如何，原非线性系统的平衡状态 $x_e = 0$ 总是不稳定的。

定理 2-4（李雅普诺夫） 如果线性化系统的系统矩阵 A 有实部为零的特征值，而其余特征值实部均为负，则在此临界情况下，原非线性系统的平衡状态 $x_e = 0$ 的稳定性取决于高阶导数项，即可能不稳定，也可能稳定。此时不能再用线性化方程来表征原非线性系统的稳定性了。

上述三个定理也称为李雅普诺夫第一近似定理。这些定理为线性化提供了重要的理论

基础,即对任一非线性系统,若其线性化系统关于平衡状态 $x_e = 0$ 渐近稳定或不稳定,则原非线性系统也有同样的结论。但对临界情况,必须考虑高阶导数项。

2. 李雅普诺夫第二法

由力学经典理论可知,对于一个振动系统,若系统总能量(正定函数)连续减小(这意味着总能量对时间的导数为负定),直到到达平衡状态为止,则此振动系统是稳定的。

如果系统有一个渐近稳定的平衡状态,则当其运动到平衡状态的吸引域内时,系统存储的能量随着时间的增长而衰减,在平稳状态达到极小值。然而对于一些纯数学系统,还没有一个定义"能量函数"的简便方法。为了克服这个困难,李雅普诺夫定义了一个虚构的能量函数,称为李雅普诺夫函数。当然,这个函数比能量函数更为一般,且其应用也更为广泛。实际上,任一纯量函数只要满足李雅普诺夫稳定性定理(见定理 2-5 和定理 2-6)的假设条件,都可作为李雅普诺夫函数(其构造可能十分困难)。

李雅普诺夫函数与 $x_1, x_2, \cdots, x_n$ 和 t 有关,我们用 $V(x_1, x_2, \cdots, x_n, t)$ 或者 $V(\boldsymbol{x}, t)$ 来表示李雅普诺夫函数。如果在李雅普诺夫函数中不含 t,则用 $V(x_1, x_2, \cdots, x_n)$ 或 $V(\boldsymbol{x})$ 表示。在李雅普诺夫第二法中,$V(\boldsymbol{x}, t)$ 和其对时间的全导数 $\dot{V}(\boldsymbol{x}, t) = \mathrm{d}V(\boldsymbol{x}, t)/\mathrm{d}t$ 的符号特征,提供了判断平衡状态处的稳定性、渐近稳定性或不稳定性的准则。采用这种间接方法不必直接求出给定非线性状态方程的解。

1)关于渐近稳定性

可以证明,如果 $\boldsymbol{x}$ 为 n 维向量,且其纯量函数 $V(\boldsymbol{x})$ 正定,则满足

$$V(\boldsymbol{x}) = C$$

的状态 $\boldsymbol{x}$ 处于 n 维状态空间的封闭超曲面上,且至少处于原点附近,这里 C 为正常数。此时,随着 $\|\boldsymbol{x}\| \to \infty$,上述封闭曲面可扩展为整个状态空间。如果 $C_1 < C_2$,则超曲面 $V(\boldsymbol{x}) = C_1$ 完全处于超曲面 $V(\boldsymbol{x}) = C_2$ 的内部。

对于给定的系统,若可求得正定的纯量函数 $V(\boldsymbol{x})$,并使其沿轨迹对时间的全导数总为负定,则随着时间的增加,$V(\boldsymbol{x})$ 将取越来越小的 C 值。随着时间的进一步增长,最终 $V(\boldsymbol{x})$ 变为零,而 $\boldsymbol{x}$ 也趋于零。这意味着,状态空间的原点是渐近稳定的。李雅普诺夫主稳定性定理就是该事实的普遍化,它给出了渐近稳定的充分条件。

定理 2-5(李雅普诺夫,皮尔希德斯基,巴巴辛,克拉索夫斯基) 考虑如下非线性系统

$$\dot{\boldsymbol{x}}(t) = \boldsymbol{f}(\boldsymbol{x}(t), t)$$

式中:

$$\boldsymbol{f}(0, t) \equiv \boldsymbol{0}, \quad t \geqslant t_0$$

如果存在一个具有连续一阶偏导数的纯量函数 $V(\boldsymbol{x}, t)$,且满足以下条件:

(1) $V(\boldsymbol{x}, t)$ 正定;

(2) $\dot{V}(\boldsymbol{x}, t)$ 负定。

则其在原点处的平衡状态是(一致)渐近稳定的。进一步地,若 $\|\boldsymbol{x}\| \to \infty, V(\boldsymbol{x}, t) \to \infty$(径向无穷大),则其在原点处的平衡状态 $x_e = 0$ 是大范围一致渐近稳定的。

例 2-9 考虑如下非线性系统

$$\dot{x}_1 = x_2 - x_1(x_1^2 + x_2^2)$$
$$\dot{x}_2 = -x_1 - x_2(x_1^2 + x_2^2)$$

试确定其稳定性。

解 显然原点$(x_1=0, x_2=0)$是唯一的平衡状态。定义一个正定纯量函数$V(\boldsymbol{x})$,且

$$\dot{V}(\boldsymbol{x}) = 2x_1\dot{x}_1 + 2x_2\dot{x}_2 - 2(x_1^2 + x_2^2)^2$$

是负定的,这说明$V(\boldsymbol{x})$沿任意轨迹连续减小,因此$V(\boldsymbol{x})$是一个李雅普诺夫函数。由于$V(\boldsymbol{x})$随着$\|\boldsymbol{x}\| \to \infty$而趋于无穷,则由定理 2-5 可知,该系统在原点处的平衡状态是大范围渐近稳定的。

注意,若使$V(\boldsymbol{x})$取一系列常值$0, C_1, C_2, \cdots (0 < C_1 < C_2 < \cdots)$,则$V(\boldsymbol{x})=0$对应于状态平面的原点,而$V(\boldsymbol{x})=C_1, V(\boldsymbol{x})=C_2, \cdots$,描述了包围状态平面原点的互不相交的一簇圆,如图 2-2 所示。还应注意,由于$V(\boldsymbol{x})$是径向无穷大的,即随着$\|\boldsymbol{x}\| \to \infty, V(\boldsymbol{x}) \to \infty$,因此这一簇圆可扩展到整个状态平面。

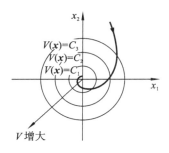

图 2-2 常数 V 圆和典型轨迹

由于圆$V(\boldsymbol{x})=C_k$完全处在$V(\boldsymbol{x})=C_{k+1}$的内部,因此典型轨迹从外向里穿过各 V 圆,从而李雅普诺夫函数$V(\boldsymbol{x})$的几何意义之一,可解释为状态 $\boldsymbol{x}$ 到状态空间原点$\boldsymbol{x}_e = \boldsymbol{0}$之间距离的一种度量。如果原点与瞬时状态$\boldsymbol{x}(t)$之间的距离随 t 的增加而连续减小,即$\dot{V}(\boldsymbol{x}(t)) < 0$,则$\boldsymbol{x}(t) \to \boldsymbol{0}$。

定理 2-5 是李雅普诺夫第二法的基本定理,下面对这一重要定理做如下几点说明。

(1) 这里仅给出了充分条件,也就是说,如果我们构造出了李雅普诺夫函数$V(\boldsymbol{x}, t)$,那么系统是渐近稳定的。但如果找不到这样的李雅普诺夫函数,我们并不能给出任何结论,不能据此说该系统是不稳定的。

(2) 对于渐近稳定的平衡状态,李雅普诺夫函数必存在。

(3) 对于非线性系统,通过构造某个具体的李雅普诺夫函数,可以证明系统在某个稳定域内是渐近稳定的,但这并不意味着稳定域外的运动是不稳定的。对于线性系统,如果存在渐近稳定的平衡状态,则它必定是大范围渐近稳定的。

(4) 这里给出的稳定性定理既适用于线性系统、非线性系统,也适用于定常系统、时变系统,具有极其一般的普遍意义。

显然,定理 2-5 仍有一些限制条件,比如$\dot{V}(\boldsymbol{x}, t)$必须是负定函数。如果在$\dot{V}(\boldsymbol{x}, t)$上附加一个限制条件,即除了原点以外,沿任一轨迹$\dot{V}(\boldsymbol{x}, t)$均不恒等于零,则要求$\dot{V}(\boldsymbol{x}, t)$负定的条件可用$\dot{V}(\boldsymbol{x}, t)$取负半定的条件来代替。

定理 2-6(克拉索夫斯基,巴巴辛) 考虑如下非线性系统

$$\dot{\boldsymbol{x}}(t) = \boldsymbol{f}(\boldsymbol{x}(t), t)$$

式中:

$$\boldsymbol{f}(0, t) \equiv \boldsymbol{0}, \quad t \geqslant t_0$$

若存在具有连续一阶偏导数的纯量函数$V(\boldsymbol{x}, t)$,且满足以下条件:

(1) $V(\boldsymbol{x}, t)$是正定的;

(2) $\dot{V}(\boldsymbol{x}, t)$是负半定的;

(3) $\dot{V}[\boldsymbol{\Phi}(t; \boldsymbol{x}_0, t_0), t]$对于任意 t_0 和任意 $\boldsymbol{x}_0 \neq \boldsymbol{0}$,在 $t \geqslant t_0$ 时,不恒等于零,这里,$\boldsymbol{\Phi}(t; \boldsymbol{x}_0, t_0)$表示在 t_0 时从 $\boldsymbol{x}_0$ 出发的轨迹或解;

(4) 当$\|\boldsymbol{x}\| \to \infty$时,有$V(\boldsymbol{x}) \to \infty$。

则在系统原点处的平衡状态 $\boldsymbol{x}_e = \boldsymbol{0}$ 是大范围渐近稳定的。

注意,若 $\dot{V}(\boldsymbol{x},t)$ 不是负定的,而只是负半定的,则典型点的轨迹可能与某个特定曲面 $V(\boldsymbol{x},t)=C$ 相切,然而由于 $\dot{V}[\boldsymbol{\Phi}(t;\boldsymbol{x}_0,t_0),t]$ 对任意 t_0 和任意 $\boldsymbol{x}_0 \neq \boldsymbol{0}$,在 $t \geq t_0$ 时不恒等于零,因此典型点就不可能保持在切点处(在这点上,$\dot{V}(\boldsymbol{x},t)=0$),必然要运动到原点。

例 2-10 给定连续时间的定常系统

$$\dot{x}_1 = x_2$$
$$\dot{x}_2 = -x_1 - (1+x_2)^2 x_2$$

判定其稳定性。

解 系统的平衡状态为 $x_1=0,x_2=0$。现取 $V(\boldsymbol{x})=x_1^2+x_2^2$。且有:

(1) $V(\boldsymbol{x})=x_1^2+x_2^2$ 为正定的;

(2) $\dot{V}(\boldsymbol{x}) = \begin{bmatrix} \dfrac{\partial V}{\partial x_1} & \dfrac{\partial V}{\partial x_2} \end{bmatrix} \begin{bmatrix} \dot{x}_1 \\ \dot{x}_2 \end{bmatrix}$

$$= \begin{bmatrix} 2x_1 & 2x_2 \end{bmatrix} \begin{bmatrix} x_2 \\ -x_1 - (1+x_2)^2 x_2 \end{bmatrix} = -2x_2^2(1+x_2)^2$$

可以看出,除两种情况:① x_1 任意,$x_2=0$,② x_1 任意,$x_2=-1$,有 $\dot{V}(\boldsymbol{x})=0$ 以外,均有 $\dot{V}(\boldsymbol{x})<0$。故 $\dot{V}(\boldsymbol{x})$ 为半负定的。

(3) 检查是否有 $\dot{V}(\boldsymbol{\Phi}(t;\boldsymbol{x}_0,0)) \neq 0$。

考察情况①:$\overline{\boldsymbol{\Phi}}(t;\boldsymbol{x}_0,0)=\begin{bmatrix} x_1 & 0 \end{bmatrix}^T$ 是否为系统的扰动解,由于 $x_2=0$ 可导出 $\dot{x}_2=0$,将此代入系统方程得到

$$\dot{x}_1 = x_2 = 0$$
$$0 = \dot{x}_2 = -(1+x_2)^2 - x_1 = -x_1$$

这表明,除点 $(x_1=0,x_2=0)$ 外,$\overline{\boldsymbol{\Phi}}(t;\boldsymbol{x}_0,0)=\begin{bmatrix} x_1 & 0 \end{bmatrix}^T$ 不是系统的扰动解。

考察情况②:$\overline{\boldsymbol{\Phi}}(t;\boldsymbol{x}_0,0)=\begin{bmatrix} x_1 & -1 \end{bmatrix}^T$,则由 $x_2=-1$ 可导出 $\dot{x}_2=0$,将此代入系统方程

$$\dot{x}_1 = x_2 = -1$$
$$0 = \dot{x}_2 = -(1+x_2)^2 x_2 - x_1 = -x_1$$

矛盾。$\overline{\boldsymbol{\Phi}}(t;\boldsymbol{x}_0,0)=\begin{bmatrix} x_1 & -1 \end{bmatrix}^T$ 不是系统的扰动解。

(4) 当 $\|\boldsymbol{x}\| = \sqrt{x_1^2+x_2^2} \to \infty$ 时,显然有 $V(\boldsymbol{x}) \to \infty$。

综上,系统在原点处的平衡状态是大范围渐近稳定的。

2) 关于稳定性

如果存在一个正定的纯量函数 $V(\boldsymbol{x},t)$,使得 $\dot{V}(\boldsymbol{x},t)$ 始终为零,则系统可以保持在一个极限环上。在这种情况下,原点处的平衡状态称为在李雅普诺夫意义下是稳定的。

3) 关于不稳定性

如果系统平衡状态 $\boldsymbol{x}_e = \boldsymbol{0}$ 是不稳定的,则存在纯量函数 $W(\boldsymbol{x},t)$,可用其确定平衡状态的不稳定性。下面介绍不稳定性定理。

定理 2-7(李雅普诺夫) 考虑如下非线性系统:

$$\dot{\boldsymbol{x}}(t) = \boldsymbol{f}(\boldsymbol{x}(t),t)$$

式中:

$$\boldsymbol{f}(\boldsymbol{0},t) \equiv \boldsymbol{0}, \quad t \geq t_0$$

若存在一个纯量函数 $W(\boldsymbol{x},t)$,其具有连续的一阶偏导数,且满足下列条件:

（1）$W(x,t)$ 在原点附近的某一邻域内是正定的；

（2）$\dot{W}(x,t)$ 在同样的邻域内是正定的，

则原点处的平衡状态是不稳定的。

2.4.4 线性系统的稳定性与非线性系统的稳定性比较

在线性定常系统中，若平衡状态是局部渐近稳定的，则它是大范围渐近稳定的。然而在非线性系统中，不是大范围渐近稳定的平衡状态可能是局部渐近稳定的。因此，线性定常系统平衡状态的渐近稳定性的含义和非线性系统的含义完全不同。

要具体检验一个实际非线性系统平衡状态的渐近稳定性，仅用前述非线性系统的线性化模型之稳定性分析，即李雅普诺夫第一法是远远不够的，必须研究没有线性化的非线性系统。有如下几种基于李雅普诺夫第二法的方法可达成这一目的。如克拉索夫斯基方法、舒茨-基布逊（Schultz-Gibson）变量梯度法、鲁里叶（Lure）法，以及波波夫方法等。下面仅讨论非线性系统稳定性分析的克拉索夫斯基方法。

1. 线性定常系统的李雅普诺夫稳定性分析

考虑如下线性定常自治系统

$$\dot{x}=Ax \tag{2-58}$$

式中：$x\in \mathbf{R}^n$，$A\in \mathbf{R}^{n\times n}$。

假设 A 为非奇异矩阵，则系统有唯一的平衡状态 $x_e=0$，其平衡状态的稳定性很容易通过李雅普诺夫第二法进行研究。

对于式（2-58）所示的系统，选取如下二次型李雅普诺夫函数，即

$$V(x)=x^H Px$$

式中：P 为正定 Hermite 矩阵（如果 x 是实向量，且 A 是实矩阵，则 P 可取正定的实对称矩阵）。

$V(x)$ 沿任意轨迹的时间导数为

$$\begin{aligned}
\dot{V}(x)&=\dot{x}^H Px+x^H P\dot{x}\\
&=(Ax)^H Px+x^H PAx\\
&=x^H A^H Px+x^H PAx\\
&=x^H(A^H P+PA)x
\end{aligned}$$

由于 $V(x)$ 取为正定的，对于系统渐近稳定性，要求 $\dot{V}(x)$ 为负定的，因此必须有

$$\dot{V}(x)=-x^H Qx$$

式中：

$$Q=-(A^H P+PA)$$

为正定矩阵。因此，对于式（2-58）所示的系统，其渐近稳定的充分条件是 Q 正定。为了判断 $n\times n$ 矩阵的正定性，可采用西尔维斯特准则，即矩阵正定的充要条件是矩阵的所有主子行列式均为正值。

在判别 $\dot{V}(x)$ 时，方便的方法不是先指定一个正定矩阵 P，然后检查 Q 是否也是正定的，而是先指定一个正定矩阵 Q，然后检查由

$$A^H P+PA=-Q$$

确定的 P 是否也是正定的。这可归纳为如下定理。

定理 2-8　线性定常系统 $\dot{x}=Ax$ 在平衡点 $x_e=0$ 处渐近稳定的充要条件是：对于 $\forall Q>0$，$\exists P>0$，如下李雅普诺夫方程

$$A^H P+PA=-Q$$

成立。

这里 P、Q 均为 Hermite 矩阵或实对称矩阵。此时，李雅普诺夫函数为

$$V(x)=x^H Px，\quad \dot{V}(x)=-x^H Qx$$

特别地，当 $\dot{V}(x)=-x^H Qx\neq 0$ 时，可取 $Q\geqslant 0$（正半定）。

现对该定理做以下几点说明：

(1) 如果系统只包含实状态向量 x 和实系统矩阵 A，则李雅普诺夫函数 $x^H Px$ 为 $x^T Px$，且李雅普诺夫方程为

$$A^T P+PA=-Q$$

(2) 如果 $\dot{V}(x)=-x^H Qx$ 沿任意轨迹不恒等于零，则 Q 可取正半定矩阵。

(3) 如果取任意的正定矩阵 Q，或者当 $\dot{V}(x)$ 沿任意轨迹不恒等于零时取任意的正半定矩阵 Q，并求解矩阵方程

$$A^H P+PA=-Q$$

以确定 P，则对于在平衡点 $x_e=0$ 处的渐近稳定性，P 为正定的是充要条件。注意，如果正半定矩阵 Q 满足下列秩的条件

$$\mathrm{rank}\begin{bmatrix} Q^{1/2} \\ Q^{1/2}A \\ \vdots \\ Q^{1/2}A^{n-1} \end{bmatrix}=n$$

则 $\dot{V}(x)$ 沿任意轨迹不恒等于零。

(4) 只要选择的矩阵 Q 为正定的（或根据情况选为正半定的），则最终的判定结果将与矩阵 Q 的选择无关。

(5) 为了确定矩阵 P 的各元素，可使矩阵 $A^H P+PA$ 和矩阵 $-Q$ 的各元素对应相等。为了确定矩阵 P 的各元素 $p_{ij}=\overline{p_{ji}}$，将需要 $n(n+1)/2$ 个线性方程。如果用 $\lambda_1,\lambda_2,\cdots,\lambda_n$ 表示矩阵 A 的特征值，则每个特征值的重数与特征方程根的重数是一致的，并且如果每两个根的和：

$$\lambda_j+\lambda_k\neq 0$$

则 P 的元素将被唯一确定。注意，如果矩阵 A 表示一个稳定系统，那么 $\lambda_j+\lambda_k$ 的和总不等于零。

(6) 在确定是否存在一个正定的 Hermite 矩阵或实对称矩阵 P 时，为方便起见，通常取 $Q=I$，这里 I 为单位矩阵。从而，P 的各元素可按下式确定

$$A^H P+PA=-I$$

然后再检验 P 是否正定。

例 2-11　设二阶线性定常系统的状态方程为

$$\begin{bmatrix} \dot{x}_1 \\ \dot{x}_2 \end{bmatrix}=\begin{bmatrix} 0 & 1 \\ -1 & -1 \end{bmatrix}\begin{bmatrix} x_1 \\ x_2 \end{bmatrix}$$

显然，平衡状态是原点。试确定该系统的稳定性。

解 不妨取李雅普诺夫函数为

$$V(\boldsymbol{x}) = \boldsymbol{x}^{\mathsf{T}} \boldsymbol{P} \boldsymbol{x}$$

此时实对称矩阵 $\boldsymbol{P}$ 可由下式确定

$$\boldsymbol{A}^{\mathsf{T}} \boldsymbol{P} + \boldsymbol{P} \boldsymbol{A} = -\boldsymbol{I}$$

上式可写为

$$\begin{bmatrix} 0 & -1 \\ 1 & -1 \end{bmatrix} \begin{bmatrix} p_{11} & p_{12} \\ p_{12} & p_{22} \end{bmatrix} + \begin{bmatrix} p_{11} & p_{12} \\ p_{12} & p_{22} \end{bmatrix} \begin{bmatrix} 0 & 1 \\ -1 & -1 \end{bmatrix} = \begin{bmatrix} -1 & 0 \\ 0 & -1 \end{bmatrix}$$

将矩阵方程展开，联立方程组可得

$$\begin{cases} -2p_{12} = -1 \\ p_{11} - p_{12} - p_{22} = 0 \\ 2p_{12} - 2p_{22} = -1 \end{cases}$$

从方程组中解出 p_{11}、p_{12}、p_{22}，可得

$$\begin{bmatrix} p_{11} & p_{12} \\ p_{12} & p_{22} \end{bmatrix} = \begin{bmatrix} \dfrac{3}{2} & \dfrac{1}{2} \\ \dfrac{1}{2} & 1 \end{bmatrix}$$

为了检验 $\boldsymbol{P}$ 的正定性，我们来校核各主子行列式：

$$\frac{3}{2} > 0, \quad \begin{vmatrix} \dfrac{3}{2} & \dfrac{1}{2} \\ \dfrac{1}{2} & 1 \end{vmatrix} > 0$$

显然，$\boldsymbol{P}$ 是正定的。因此，在原点处的平衡状态是大范围渐近稳定的，且李雅普诺夫函数为

$$V(\boldsymbol{x}) = \boldsymbol{x}^{\mathsf{T}} \boldsymbol{P} \boldsymbol{x} = \frac{1}{2} (3x_1^2 + 2x_1 x_2 + 2x_2^2)$$

此时

$$\dot{V}(\boldsymbol{x}) = -(x_1^2 + x_2^2)$$

例 2-12 试确定图 2-3 所示系统的增益 K 的稳定范围。

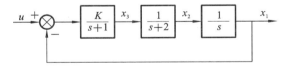

图 2-3 控制系统

解 容易推得系统的状态方程为

$$\begin{bmatrix} \dot{x}_1 \\ \dot{x}_2 \\ \dot{x}_3 \end{bmatrix} = \begin{bmatrix} 0 & 1 & 0 \\ 0 & -2 & 1 \\ -K & 0 & -1 \end{bmatrix} \begin{bmatrix} x_1 \\ x_2 \\ x_3 \end{bmatrix} + \begin{bmatrix} 0 \\ 0 \\ K \end{bmatrix} u$$

在确定 K 的稳定范围时，假设输入 u 为零。于是上式可写为

$$\dot{x}_1 = x_2 \tag{2-59}$$

$$\dot{x}_2 = -2x_2 + x_3 \tag{2-60}$$

$$\dot{x}_3 = -Kx_1 - x_3 \qquad (2\text{-}61)$$

由式(2-59)至式(2-61)可发现,原点是平衡状态。假设取正半定的实对称矩阵 $\boldsymbol{Q}$ 为

$$\boldsymbol{Q} = \begin{bmatrix} 0 & 0 & 0 \\ 0 & 0 & 0 \\ 0 & 0 & 1 \end{bmatrix} \qquad (2\text{-}62)$$

由于除原点外,$\dot{V}(\boldsymbol{x}) = -\boldsymbol{x}^{\mathrm{T}}\boldsymbol{Q}\boldsymbol{x}$ 不恒等于零,因此可选上式的 $\boldsymbol{Q}$。这一点的证明如下。由于

$$\dot{V}(\boldsymbol{x}) = -\boldsymbol{x}^{\mathrm{T}}\boldsymbol{Q}\boldsymbol{x} = -x_3^2$$

取 $\dot{V}(\boldsymbol{x})$ 恒等于零,意味着 x_3 也恒等于零。如果 x_3 恒等于零,x_1 也必恒等于零,因为由式(2-61)可得

$$0 = -Kx_1 - 0$$

如果 x_1 恒等于零,x_2 也恒等于零。因为由式(2-59)可得

$$0 = x_2$$

于是 $\dot{V}(\boldsymbol{x})$ 只在原点处才恒等于零。因此,为了分析稳定性,可采用由式(2-62)定义的矩阵 $\boldsymbol{Q}$,也可检验下列矩阵的秩:

$$\begin{bmatrix} \boldsymbol{Q}^{1/2} \\ \boldsymbol{Q}^{1/2}\boldsymbol{A} \\ \boldsymbol{Q}^{1/2}\boldsymbol{A}^2 \end{bmatrix} = \begin{bmatrix} 0 & 0 & 0 \\ 0 & 0 & 0 \\ 0 & 0 & 1 \\ 0 & 0 & 0 \\ 0 & 0 & 0 \\ -K & 0 & -1 \\ 0 & 0 & 0 \\ 0 & 0 & 0 \\ K & -K & 1 \end{bmatrix}$$

显然,对于 $K \neq 0$,其秩为 3。因此可选择这样的 $\boldsymbol{Q}$ 用于李雅普诺夫方程。

现在求解如下李雅普诺夫方程:

$$\boldsymbol{A}^{\mathrm{T}}\boldsymbol{P} + \boldsymbol{P}\boldsymbol{A} = -\boldsymbol{Q}$$

该方程可重写为

$$\begin{bmatrix} 0 & 0 & -K \\ 1 & -2 & 0 \\ 0 & 1 & -1 \end{bmatrix} \begin{bmatrix} p_{11} & p_{12} & p_{13} \\ p_{12} & p_{22} & p_{23} \\ p_{13} & p_{23} & p_{33} \end{bmatrix} + \begin{bmatrix} p_{11} & p_{12} & p_{13} \\ p_{12} & p_{22} & p_{23} \\ p_{13} & p_{23} & p_{33} \end{bmatrix} \begin{bmatrix} 0 & 1 & 0 \\ 0 & -2 & 1 \\ -K & 0 & -1 \end{bmatrix}$$

$$= \begin{bmatrix} 0 & 0 & 0 \\ 0 & 0 & 0 \\ 0 & 0 & -1 \end{bmatrix}$$

求解 $\boldsymbol{P}$ 的各元素,可得

$$\boldsymbol{P} = \begin{bmatrix} \dfrac{K^2 + 12K}{12 - 2K} & \dfrac{6K}{12 - 2K} & 0 \\[3mm] \dfrac{6K}{12 - 2K} & \dfrac{3K}{12 - 2K} & \dfrac{K}{12 - 2K} \\[3mm] 0 & \dfrac{K}{12 - 2K} & \dfrac{6K}{12 - 2K} \end{bmatrix}$$

使 P 成为正定矩阵的充要条件为

$$12 - 2K > 0 \quad \text{和} \quad K > 0$$

即

$$0 < K < 6$$

因此,当 $0 < K < 6$ 时,系统在李雅普诺夫意义下是稳定的,也就是说,原点是大范围渐近稳定的。

2.5　系统综合与设计

2.5.1　系统综合与设计概述

系统的描述主要解决系统的建模、各种数学模型(时域、频域、内部、外部描述)之间的相互转换等;系统的分析则主要研究系统的定量变化规律(如状态方程的解,即系统的运动分析等)和定性行为(如能控性、能观测性、稳定性等)。而综合与设计问题则与此相反,即在已知系统结构和参数(被控系统数学模型)的基础上,寻求控制规律,以使系统具有某种期望的性能。一般说来,这种控制规律常取反馈形式,因为无论是在抗干扰性方面还是在鲁棒性能方面,反馈闭环系统的性能都远优于非反馈或开环系统的。在本节中,我们将以状态空间描述和状态空间方法为基础,仍然在时域中讨论线性反馈控制规律的综合与设计方法。

1. 问题的提法

给定系统的状态空间表达式:

$$\dot{x} = Ax + Bu$$
$$y = Cx$$

若再给定系统的某个期望的性能指标,它既可以是时域或频域的某种特征量(如超调量、过渡过程时间、极点、零点),也可以是使某个性能函数取极小值或极大值。此时,综合问题就是寻求一个控制作用 u,使得在该控制作用下系统满足所给定的期望性能指标。

对于线性状态反馈控制律,有

$$u = -Kx + r$$

对于线性输出反馈控制律,有

$$u = -Hy + r$$

式中:$r \in \mathbf{R}^r$ 为参考输入向量。

由此构成的闭环反馈系统分别为

$$\dot{x} = (A - BK)x + Br$$
$$y = Cx$$

或

$$\dot{x} = (A - BHC)x + Br$$
$$y = Cx$$

闭环反馈系统的系统矩阵分别为

$$A_K = A - BK$$

$$A_H = A - BHC$$

即 $\Sigma_K = (A - BK, B, C)$ 或 $\Sigma_H = (A - BHC, B, C)$。

闭环传递函数矩阵为

$$G_K(s) = C^{-1}[sI - (A - BK)]^{-1}B$$

$$G_H(s) = C^{-1}[sI - (A - BHC)]^{-1}B$$

我们在这里将着重指出,对于综合问题,必须考虑三个方面的问题,即①抗外部干扰问题;②抗内部结构与参数的摄动问题,即鲁棒性(robustness)问题;③控制律的工程实现问题。

一般说来,综合和设计是两个有区别的概念。综合是指在考虑工程可实现或可行的前提下确定控制律 u;而设计还必须考虑许多实际问题,如控制器物理实现中线路的选择、元件的选用、参数的确定等。

2. 性能指标的类型

总的说来,综合问题中的性能指标可分为非优化型和优化型性能指标两种类型。两者的差别为:非优化型指标是一类不等式型的指标,即只要性能值达到或好于期望指标,就算实现了综合目标;而优化型指标则是一类极值型指标,综合目标是使性能指标在所有可能的控制中取极小值或极大值。

对于非优化型性能指标,有多种提法,常用的提法有如下几种。

(1) 以渐近稳定作为性能指标,相应的综合问题称为镇定问题。

(2) 以一组期望的闭环系统极点作为性能指标,相应的综合问题称为极点配置问题。从线性定常系统的运动分析中可知,如时域中的超调量、过渡过程时间及频域中的增益稳定裕度、相位稳定裕度,都可以被认为等价于系统极点的位置,因此相应的综合问题都可视为极点配置问题。

(3) 以使一个多输入多输出(MIMO)系统实现"一个输入只控制一个输出"作为性能指标,相应的综合问题称为解耦问题。在工业过程控制中,解耦控制有着重要的应用。

(4) 以使系统的输出 $y(t)$ 无静差地跟踪一个外部信号 $y_0(t)$ 作为性能指标,相应的综合问题称为跟踪问题。

对于优化型性能指标,则通常取相对于状态 x 和控制 u 的二次型积分性能指标,即

$$J(u(t)) = \int_0^\infty (x^\mathrm{T}Qx + u^\mathrm{T}Ru)\,\mathrm{d}t$$

其中加权阵 $Q = Q^\mathrm{T} > 0$ 或 $Q = Q^\mathrm{T} \geqslant 0$, $R = R^\mathrm{T} > 0$ 且 $(A, Q^{1/2})$ 能观测。综合的任务就是确定 $u^*(t)$,使相应的性能指标 $J(u^*(t))$ 极小。通常,将这样的控制 $u^*(t)$ 称为最优控制,确切地说是线性二次型最优控制问题,即 LQ 调节器问题。

3. 研究综合问题的主要内容

主要内容有以下两个方面。

(1) 可综合条件,也就是控制律的存在性问题。可综合条件的建立,可避免综合过程的盲目性。

(2) 控制律的算法问题,这是问题的关键。评价一个算法优劣的主要标准是数值稳定性,即是否出现截断或舍入误差在计算积累过程中放大的问题。一般地说,如果问题不是病态的,而所采用的算法又是数值稳定的,则所得结果通常是好的。

4. 工程实现中的一些理论问题

在综合问题中,不仅要研究可综合条件和算法问题,还要研究工程实现中的一系列理论问题。主要有如下几个问题。

(1) 状态重构问题。许多综合问题都具有状态反馈形式,而状态变量为系统的内部变量,通常并不能完全直接测量或采用经济手段进行测量,解决这一问题的途径是:利用可测量输出 y 和输入 u 构造出不能测量的状态 x,相应的理论问题称为状态重构问题,即观测器问题和卡尔曼(Kalman)滤波问题。

(2) 鲁棒性问题。

(3) 抗外部干扰问题。

2.5.2 极点配置问题

本小节介绍极点配置方法。首先假定期望闭环极点为 $s=\mu_1,s=\mu_2,\cdots,s=\mu_n$。我们将证明,如果被控系统是状态能控的,则可通过选取一个合适的状态反馈增益矩阵 K,利用状态反馈方法,使闭环系统的极点配置到任意的期望位置。

这里我们仅研究控制输入为标量的情况。将证明在 s 平面上将一个系统的闭环极点配置到任意位置的充要条件是该系统状态完全能控。我们还将讨论三种确定状态反馈增益矩阵的方法。

应当注意,当控制输入为向量时,极点配置方法的数学表达式十分复杂,本书不讨论这种情况。还应注意,当控制输入是向量时,状态反馈增益矩阵并非是唯一的,可以比较自由地选择 n 个参数,也就是说,除了适当地配置 n 个闭环极点外,即使闭环系统还有其他需求,也可满足其部分或全部要求。

1. 问题的提法

在经典控制理论的系统综合中,无论是频率法还是根轨迹法,本质上都可视为极点配置问题。

给定单输入单输出线性定常被控系统

$$\dot{x}=Ax+Bu \tag{2-63}$$

式中:$x(t)\in \mathbf{R}^n,u(t)\in \mathbf{R}^1,A\in \mathbf{R}^{n\times n},B\in \mathbf{R}^{n\times 1}$。

选取线性反馈控制律为

$$u=-Kx \tag{2-64}$$

这意味着控制输入由系统的状态反馈确定,因此将该方法称为状态反馈方法。其中 $1\times n$ 矩阵 K 称为状态反馈增益矩阵或线性状态反馈矩阵。在下面的分析中,假设 u 不受约束。

图 2-4(a)给出了由式(2-63)所定义的系统。因为没有将状态 x 反馈到控制输入 u 中,所以这是一个开环控制系统。图 2-4(b)给出了具有状态反馈的系统。因为将状态 x 反馈到了控制输入 u 中,所以这是一个闭环反馈控制系统。

将式(2-64)代入式(2-63),得到

$$\dot{x}=(A-BK)x$$

该闭环系统状态方程的解为

$$x(t)=\mathrm{e}^{(A-BK)t}x(0) \tag{2-65}$$

式中:$x(0)$ 是外部干扰引起的初始状态。系统的稳态响应特性将由闭环系统矩阵 $A-BK$ 的

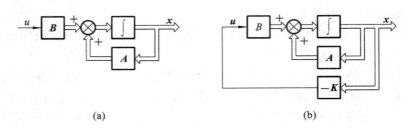

图 2-4　开环和闭环控制系统

(a)开环控制系统;(b)具有 $u=-Kx$ 的闭环反馈控制系统

特征值决定。如果矩阵 K 选取适当,则可使矩阵 $A-BK$ 构成一个渐近稳定矩阵,此时对所有的 $x(0)\neq 0$,当 $t\to\infty$ 时,都可使 $x(t)\to 0$。一般称矩阵 $A-BK$ 的特征值为调节器极点。如果这些调节器极点均位于 s 的左半平面内,则当 $t\to\infty$ 时,有 $x(t)\to 0$。因此我们将这种使闭环系统的极点任意配置到所期望位置的问题,称为极点配置问题。

下面讨论其可配置条件。我们将证明,当且仅当给定的系统是状态完全能控时,该系统的任意极点配置才是可能的。

2. 可配置条件

考虑由式(2-63)定义的线性定常系统,假设控制输入 u 的幅值是无约束的。如果选取控制律为

$$u=-Kx$$

式中:K 为线性状态反馈矩阵,由此构成的系统称为闭环反馈控制系统,如图 2-4(b)所示。

现在考虑极点的可配置条件,即如下的极点配置定理。

定理 2-9(极点配置定理)　线性定常系统可通过线性状态反馈任意地配置其全部极点的充要条件是,此被控系统状态完全能控。

证明

由于证明多变量系统时,需要应用循环矩阵及其属性等,因此这里只给出单输入单输出系统的证明。但要着重指出的是,这一定理对多变量系统也是完全成立的。

(1) 必要性。即已知闭环系统可任意配置极点,则被控系统状态完全能控。

现利用反证法证明。先证明如下命题:如果系统不是状态完全能控的,则矩阵 $A-BK$ 的特征值不可能由线性状态反馈来控制。

假设式(2-63)所示的系统状态不能控,则其能控性矩阵的秩小于 n,即

$$\mathrm{rank}[B\quad AB\quad \cdots\quad A^{n-1}B]=q<n$$

这意味着,在能控性矩阵中存在 q 个线性无关的列向量。现定义 q 个线性无关列向量为 $f_1,f_2,\cdots,f_q$,选择 $n-q$ 个附加的 n 维向量 $v_{q+1},v_{q+2},\cdots,v_n$,使得

$$P=[f_1\quad f_2\quad \cdots\quad f_q\quad v_{q+1}\quad v_{q+2}\quad \cdots\quad v_n]$$

的秩为 n。因此,可证明

$$\hat{A}=P^{-1}AP=\begin{bmatrix}A_{11} & A_{12}\\ 0 & A_{22}\end{bmatrix},\quad \hat{B}=P^{-1}B=\begin{bmatrix}B_{11}\\ \vdots\\ 0\end{bmatrix}$$

现定义 $\hat{K}=KP=[k_1\quad k_2]$,则有

$$\begin{aligned}
|sI - A + BK| &= |P^{-1}(sI - A + BK)P| \\
&= |sI - P^{-1}AP + P^{-1}BKP| \\
&= |sI - \hat{A} + \hat{B}\hat{K}| \\
&= \left| sI - \begin{bmatrix} A_{11} & A_{12} \\ 0 & A_{22} \end{bmatrix} + \begin{bmatrix} B_{11} \\ 0 \end{bmatrix} \begin{bmatrix} k_1 & k_2 \end{bmatrix} \right| \\
&= \left| \begin{matrix} sI_q - A_{11} + B_{11} + k_1 & -A_{12} + B_{11}k_2 \\ 0 & sI_{n-q} - A_{22} \end{matrix} \right| \\
&= |sI_q - A_{11} + B_{11}k_1| \, |sI_{n-q} - A_{22}| = 0
\end{aligned}$$

式中：I_q 是一个 q 维的单位矩阵；I_{n-q} 是一个 $n-q$ 维的单位矩阵。

注意，A_{22} 的特征值不依赖于 K。因此，如果一个系统不是状态完全能控的，则矩阵的特征值就不能任意配置。所以，为了任意配置矩阵 $A - BK$ 的特征值，系统必须是状态完全能控的。

（2）充分性。即已知被控系统状态完全能控（这意味着由式(2-67)给出的矩阵 Q 可逆），则矩阵 A 的所有特征值可任意配置。

在证明充分条件时，一种简便的方法是将由式(2-63)给出的状态方程变换为能控标准形。

定义非奇异线性变换矩阵 P 为

$$P = QW \tag{2-66}$$

其中 Q 为能控性矩阵，即

$$Q = \begin{bmatrix} B & AB & \cdots & A^{n-1}B \end{bmatrix} \tag{2-67}$$

$$W = \begin{bmatrix} a_{n-1} & a_{n-2} & \cdots & a_1 & 1 \\ a_{n-2} & a_{n-3} & \cdots & 1 & 0 \\ \vdots & \vdots & & \vdots & \vdots \\ a_1 & 1 & \cdots & 0 & 0 \\ 1 & 0 & \cdots & 0 & 0 \end{bmatrix} \tag{2-68}$$

式中：a_i 为如下特征多项式的系数。

$$|sI - A| = s^n + a_1 s^{n-1} + \cdots + a_{n-1}s + a_n$$

定义一个新的状态向量 $\hat{x}$：

$$x = P\hat{x}$$

如果能控性矩阵 Q 的秩为 n（即系统是状态完全能控的），则矩阵 Q 的逆存在（注意此时 Q 为 $n \times n$ 方阵），并且可将式(2-63)改写为

$$\dot{\hat{x}} = A_c \hat{x} + B_c u \tag{2-69}$$

其中，

$$A_c = P^{-1}AP = \begin{bmatrix} 0 & 1 & 0 & \cdots & 0 \\ 0 & 0 & 1 & \cdots & 0 \\ \vdots & \vdots & \vdots & & \vdots \\ 0 & 0 & 0 & \cdots & 1 \\ -a_n & -a_{n-1} & -a_{n-2} & \cdots & -a_1 \end{bmatrix} \tag{2-70}$$

$$\boldsymbol{B}_{c} = \boldsymbol{P}^{-1}\boldsymbol{B} = \begin{bmatrix} 0 \\ 0 \\ \vdots \\ 0 \\ 1 \end{bmatrix} \tag{2-71}$$

式(2-69)为能控标准形。这样,如果系统是状态完全能控的,且利用由式(2-66)给出的变换矩阵 $\boldsymbol{P}$,使状态向量 $\boldsymbol{x}$ 变换为状态向量 $\hat{\boldsymbol{x}}$,则可将式(2-63)变换为能控标准形。

选取任意一组期望的特征值为 $\mu_1,\mu_2,\cdots,\mu_n$,则期望的特征方程为

$$(s-\mu_1)(s-\mu_2)\cdots(s-\mu_n) = s^n + a_1^* s^{n-1} + \cdots + a_{n-1}^* s + a_n^* = 0 \tag{2-72}$$

设

$$\hat{\boldsymbol{K}} = \boldsymbol{KP} = \begin{bmatrix} \delta_n & \delta_{n-1} & \cdots & \delta_1 \end{bmatrix} \tag{2-73}$$

由于 $\boldsymbol{u} = -\hat{\boldsymbol{K}}\hat{\boldsymbol{x}} = -\boldsymbol{KP}\hat{\boldsymbol{x}}$,从而根据式(2-69),此时该系统的状态方程为

$$\dot{\hat{\boldsymbol{x}}} = \boldsymbol{A}_c\hat{\boldsymbol{x}} - \boldsymbol{B}_c\hat{\boldsymbol{K}}\hat{\boldsymbol{x}}$$

相应的特征方程为

$$|s\boldsymbol{I} - \boldsymbol{A}_c + \boldsymbol{B}_c\hat{\boldsymbol{K}}| = 0$$

事实上,当利用 $\boldsymbol{u} = -\boldsymbol{Kx}$ 作为控制输入时,相应的特征方程与上述特征方程相同,即非奇异线性变换不改变系统的特征值。这可简单说明如下。由于

$$\dot{\boldsymbol{x}} = \boldsymbol{Ax} + \boldsymbol{Bu} = (\boldsymbol{A} - \boldsymbol{BK})\boldsymbol{x}$$

故该系统的特征方程为

$$|s\boldsymbol{I} - \boldsymbol{A} + \boldsymbol{BK}| = |\boldsymbol{P}^{-1}(s\boldsymbol{I} - \boldsymbol{A} + \boldsymbol{BK})\boldsymbol{P}| =$$

$$|s\boldsymbol{I} - \boldsymbol{P}^{-1}\boldsymbol{AP} + \boldsymbol{P}^{-1}\boldsymbol{BKP}| = |s\boldsymbol{I} - \boldsymbol{A}_c + \boldsymbol{B}_c\hat{\boldsymbol{K}}| = 0$$

对于上述能控标准形的系统特征方程,由式(2-70)、式(2-71)和式(2-73),可得

$$|s\boldsymbol{I} - \boldsymbol{A}_c + \boldsymbol{B}_c\hat{\boldsymbol{K}}| = \left| s\boldsymbol{I} - \begin{bmatrix} 0 & 1 & \cdots & 0 \\ \vdots & \vdots & & \vdots \\ 0 & 0 & \cdots & 1 \\ -a_n & -a_{n-1} & \cdots & -a_1 \end{bmatrix} + \begin{bmatrix} 0 \\ \vdots \\ 0 \\ 1 \end{bmatrix} \begin{bmatrix} \delta_n & \delta_{n-1} & \cdots & \delta_1 \end{bmatrix} \right|$$

$$= \begin{vmatrix} s & -1 & \cdots & 0 \\ 0 & s & \cdots & 0 \\ \vdots & \vdots & & \vdots \\ a_n+\delta_n & a_{n-1}+\delta_{n-1} & \cdots & s+a_1+\delta_1 \end{vmatrix}$$

$$= s^n + (a_1+\delta_1)s^{n-1} + \cdots + (a_{n-1}+\delta_{n-1})s + (a_n+\delta_n) = 0 \tag{2-74}$$

这是具有线性状态反馈的闭环系统的特征方程,它一定与式(2-72)的期望特征方程相等。通过使 s 的同次幂系数相等,可得

$$\begin{cases} a_1+\delta_1 = a_1^* \\ a_2+\delta_2 = a_2^* \\ \qquad\vdots \\ a_n+\delta_n = a_n^* \end{cases}$$

对 δ_i 求解上述方程组,并将其代入式(2-73),可得

$$K = \hat{K}P^{-1} = [\delta_n \quad \delta_{n-1} \quad \cdots \quad \delta_1]P^{-1} \tag{2-75}$$
$$= [a_n^* - a_n \quad a_{n-1}^* - a_{n-1} \quad \cdots \quad a_2^* - a_2 \quad a_1^* - a_1]P^{-1}$$

因此,如果系统是状态完全能控的,则通过对应于式(2-75)所选取的矩阵 K,可任意配置所有的特征值。

证毕。

3. 极点配置的算法

现在考虑单输入单输出系统极点配置的算法。

给定线性定常系统:

$$\dot{x} = Ax + Bu$$

若线性反馈控制律为

$$u = -Kx$$

则可由下列步骤确定使 $A - BK$ 的特征值为 $\mu_1, \mu_2, \cdots, \mu_n$(即闭环系统的期望极点值)的线性反馈矩阵 K(如果 μ_i 是一个复数特征值,则其共轭必定也是 $A - BK$ 的特征值)。

(1) 考察系统的能控性条件。如果系统是状态完全能控的,则可按下列步骤继续进行。

(2) 利用系统矩阵 A 的特征多项式 $\det(sI - A) = |sI - A| = s^n + a_1 s^{n-1} + \cdots + a_{n-1}s + a_n$ 确定 $a_1, a_2, \cdots, a_n$ 的值。

(3) 确定将系统状态方程变换为能控标准形的变换矩阵 P。若给定的状态方程已是能控标准形,那么 $P = I$。此时无须再写出系统的能控标准形状态方程。非奇异线性变换矩阵 P 可由式(2-66)给出,即

$$P = QW$$

式中:Q 由式(2-67)定义,W 由式(2-68)定义。

(4) 利用给定的期望闭环极点,写出期望的特征多项式,为

$$(s - \mu_1)(s - \mu_2)\cdots(s - \mu_n) = s^n + a_1^* s^{n-1} + \cdots + a_{n-1}^* s + a_n^*$$

并确定 $a_1^*, a_2^*, \cdots, a_n^*$ 的值。

(5) 此时,状态反馈增益矩阵 K 为

$$K = [a_n^* - a_n \quad a_{n-1}^* - a_{n-1} \quad \cdots \quad a_2^* - a_2 \quad a_1^* - a_1]P^{-1}$$

注意,如果是低阶系统($n \leqslant 3$),则将线性反馈增益矩阵 K 直接代入闭环系统的特征多项式,可能更为简便。例如,若 $n = 3$,则可将状态反馈增益矩阵 K 写为

$$K = [k_1 \quad k_2 \quad k_3]$$

进而将 K 代入闭环系统的特征多项式 $|sI - A + BK|$,使其等于 $(s - \mu_1)(s - \mu_2)(s - \mu_3)$,即

$$|sI - A + BK| = (s - \mu_1)(s - \mu_2)(s - \mu_3)$$

由于该特征方程的两端均为 s 的多项式,故可通过使其两端的 s 同次幂系数相等,来确定 k_1、k_2、k_3 的值。如果 $n = 2$ 或者 $n = 3$,这种方法非常简便(若 $n = 4, 5, 6, \cdots$,这种方法可能非常烦琐)。

还有其他方法可确定状态反馈增益矩阵 K。下面介绍著名的阿克曼公式(Ackermann's formula),其可用来确定状态反馈增益矩阵 K。

4. 阿克曼公式

考虑由式(2-63)给出的系统:

$$\dot{x} = Ax + Bu$$

假设该被控系统是状态完全能控的,又设期望闭环极点为 $s=\mu_1,s=\mu_2,\cdots,s=\mu_n$。利用线性状态反馈控制律

$$u=-Kx$$

将系统状态方程改写为

$$\dot{x}=(A-BK)x \qquad (2-76)$$

定义

$$\widetilde{A}=A-BK$$

则所期望的特征方程为

$$|sI-A+BK|=|sI-\widetilde{A}|=(s-\mu_1)(s-\mu_2)\cdots(s-\mu_n)$$
$$=s^n+a_1^*s^{n-1}+\cdots+a_{n-1}^*s+a_n^*=0$$

由于凯莱-哈密顿定理指出,$\widetilde{A}$ 应满足其自身的特征方程,因此

$$\varphi^*(\widetilde{A})=\widetilde{A}^n+a_1^*\widetilde{A}^{n-1}+\cdots+a_{n-1}^*\widetilde{A}+a_n^*I=0 \qquad (2-77)$$

下面用式(2-77)来推导阿克曼公式。为简化推导,考虑 $n=3$ 的情况。需要指出的是,对任意正整数,下面的推导可方便地加以推广。

考虑下列恒等式

$$\widetilde{A}=A-BK$$
$$\widetilde{A}^2=(A-BK)^2=A^2-ABK-BK\widetilde{A}$$
$$\widetilde{A}^3=(A-BK)^3=A^3-A^2BK-ABK\widetilde{A}-BK\widetilde{A}^2$$

将上述方程分别乘以 $a_3^*,a_2^*,a_1^*,a_0^*(a_0^*=1)$,并相加,则可得

$$a_3^*I+a_2^*\widetilde{A}+a_1^*\widetilde{A}^2+\widetilde{A}^3$$
$$=a_3^*I+a_2^*(A-BK)+a_1^*(A^2-ABK-BK\widetilde{A})+A^3-A^2BK-ABK\widetilde{A}-BK\widetilde{A}^2$$
$$=a_3^*I+a_2^*A+a_1^*A^2+A^3-a_2^*BK-a_1^*ABK-a_1^*BK\widetilde{A}-A^2BK-ABK\widetilde{A}-BK\widetilde{A}^2$$
$$\qquad (2-78)$$

参照式(2-77)可得

$$a_3^*I+a_2^*\widetilde{A}+a_1^*\widetilde{A}^2+\widetilde{A}^3=\varphi^*(\widetilde{A})=0$$

也可得到

$$a_3^*I+a_2^*A+a_1^*A^2+A^3=\varphi^*(A)\neq0$$

将上述两式代入式(2-78),可得

$$\varphi^*(\widetilde{A})=\varphi^*(A)-a_2^*BK-a_1^*BK\widetilde{A}-BK\widetilde{A}^2-a_1^*ABK-ABK\widetilde{A}-A^2BK$$

由于 $\varphi^*(\widetilde{A})=0$,故

$$\varphi^*(A)=B(a_2^*K+a_1^*K\widetilde{A}+K\widetilde{A}^2)+AB(a_1^*K+K\widetilde{A})+A^2BK$$
$$=\begin{bmatrix}B & AB & A^2B\end{bmatrix}\begin{bmatrix}a_2^*K+a_1^*K\widetilde{A}+K\widetilde{A}^2\\ a_1^*K+K\widetilde{A}\\ K\end{bmatrix} \qquad (2-79)$$

由于系统是状态完全能控的,因此能控性矩阵

$$Q=\begin{bmatrix}B & AB & A^2B\end{bmatrix}$$

的逆存在。在式(2-79)的两端均左乘能控性矩阵 Q 的逆,可得

$$\begin{bmatrix}B & AB & A^2B\end{bmatrix}^{-1}\varphi^*(A)=\begin{bmatrix}a_2^*K+a_1^*K\widetilde{A}+K\widetilde{A}^2\\ a_1^*K+K\widetilde{A}\\ K\end{bmatrix}$$

上式两端左乘 $\begin{bmatrix} 0 & 0 & 1 \end{bmatrix}$,可得

$$\begin{bmatrix} 0 & 0 & 1 \end{bmatrix}\begin{bmatrix} \boldsymbol{B} & \boldsymbol{AB} & \boldsymbol{A}^2\boldsymbol{B} \end{bmatrix}^{-1}\boldsymbol{\varphi}^*(\boldsymbol{A})=\begin{bmatrix} 0 & 0 & 1 \end{bmatrix}\begin{bmatrix} a_2^*\boldsymbol{K}+a_1^*\boldsymbol{K}\widetilde{\boldsymbol{A}}+\boldsymbol{K}\widetilde{\boldsymbol{A}}^2 \\ a_1^*\boldsymbol{K}+\boldsymbol{K}\widetilde{\boldsymbol{A}} \\ \boldsymbol{K} \end{bmatrix}=\boldsymbol{K}$$

重写为

$$\boldsymbol{K}=\begin{bmatrix} 0 & 0 & 1 \end{bmatrix}\begin{bmatrix} \boldsymbol{B} & \boldsymbol{AB} & \boldsymbol{A}^2\boldsymbol{B} \end{bmatrix}^{-1}\boldsymbol{\varphi}^*(\boldsymbol{A})$$

从而给出了所需的状态反馈增益矩阵 $\boldsymbol{K}$。对任一正整数 n,有

$$\boldsymbol{K}=\begin{bmatrix} 0 & 0 & \cdots & 0 & 1 \end{bmatrix}\begin{bmatrix} \boldsymbol{B} & \boldsymbol{AB} & \cdots & \boldsymbol{A}^{n-1}\boldsymbol{B} \end{bmatrix}^{-1}\boldsymbol{\varphi}^*(\boldsymbol{A}) \tag{2-80}$$

式(2-80)称为用于确定状态反馈增益矩阵 $\boldsymbol{K}$ 的阿克曼方程。

例 2-13 考虑如下线性定常系统

$$\dot{\boldsymbol{x}}=\boldsymbol{Ax}+\boldsymbol{Bu}$$

式中:

$$\boldsymbol{A}=\begin{bmatrix} 0 & 1 & 0 \\ 0 & 0 & 1 \\ -1 & -5 & -6 \end{bmatrix}, \quad \boldsymbol{B}=\begin{bmatrix} 0 \\ 0 \\ 1 \end{bmatrix}$$

利用状态反馈控制 $\boldsymbol{u}=-\boldsymbol{Kx}$,希望该系统的闭环极点为 $s=-2\pm\mathrm{j}4$ 和 $s=-10$。试确定状态反馈增益矩阵 $\boldsymbol{K}$。

解 首先需检验该系统的能控性矩阵。能控性矩阵为

$$\boldsymbol{Q}=\begin{bmatrix} \boldsymbol{B} & \boldsymbol{AB} & \boldsymbol{A}^2\boldsymbol{B} \end{bmatrix}=\begin{bmatrix} 0 & 0 & 1 \\ 0 & 1 & -6 \\ 1 & -6 & 31 \end{bmatrix}$$

得出 $\det\boldsymbol{Q}=-1$,因此,$\mathrm{rank}\boldsymbol{Q}=3$。因而该系统是状态完全能控的,可任意配置极点。

下面,我们来求解这个问题,并用本节介绍的三种方法来求解。

方法 1 利用式(2-75)求解。该系统的特征方程为

$$\begin{aligned} |s\boldsymbol{I}-\boldsymbol{A}| &= \begin{vmatrix} s & -1 & 0 \\ 0 & s & -1 \\ 1 & 5 & s+6 \end{vmatrix} \\ &= s^3+6s^2+5s+1 \\ &= s^3+a_1s^2+a_2s+a_3=0 \end{aligned}$$

因此

$$a_1=6, \quad a_2=5, \quad a_3=1$$

期望的特征方程为

$$\begin{aligned} (s+2-\mathrm{j}4)(s+2+\mathrm{j}4)(s+10) &= s^3+14s^2+60s+200 \\ &= s^3+a_1^*s^2+a_2^*s+a_3^*=0 \end{aligned}$$

因此

$$a_1^*=14, \quad a_2^*=60, \quad a_3^*=200$$

参照式(2-75),可得

$$\begin{aligned} \boldsymbol{K} &=\begin{bmatrix} 200-1 & 60-5 & 14-6 \end{bmatrix} \\ &=\begin{bmatrix} 199 & 55 & 8 \end{bmatrix} \end{aligned}$$

方法 2 设期望的状态反馈增益矩阵为

$$\boldsymbol{K} = \begin{bmatrix} k_1 & k_2 & k_3 \end{bmatrix}$$

并使$|s\boldsymbol{I}-\boldsymbol{A}+\boldsymbol{BK}|$和期望的特征多项式相等,可得

$$
|s\boldsymbol{I}-\boldsymbol{A}+\boldsymbol{BK}| = \left| \begin{bmatrix} s & 0 & 0 \\ 0 & s & 0 \\ 0 & 0 & s \end{bmatrix} - \begin{bmatrix} 0 & 1 & 0 \\ 0 & 0 & 1 \\ -1 & -5 & -6 \end{bmatrix} + \begin{bmatrix} 0 \\ 0 \\ 1 \end{bmatrix} \begin{bmatrix} k_1 & k_2 & k_3 \end{bmatrix} \right|
$$

$$
= \left| \begin{matrix} s & -1 & 0 \\ 0 & s & -1 \\ 1+k_1 & 5+k_2 & s+6+k_3 \end{matrix} \right|
$$

$$
= s^3 + (6+k_3)s^2 + (5+k_2)s + 1 + k_1
$$

$$
= s^3 + 14s^2 + 60s + 200
$$

因此

$$6+k_3 = 14, \quad 5+k_2 = 60, \quad 1+k_1 = 200$$

从中可得

$$k_1 = 199, \quad k_2 = 55, \quad k_3 = 8$$

或

$$\boldsymbol{K} = \begin{bmatrix} 199 & 55 & 8 \end{bmatrix}$$

方法 3 利用阿克曼公式求解。参见式(2-80),可得

$$\boldsymbol{K} = \begin{bmatrix} 0 & 0 & 1 \end{bmatrix} \begin{bmatrix} \boldsymbol{B} & \boldsymbol{AB} & \boldsymbol{A}^2\boldsymbol{B} \end{bmatrix}^{-1} \boldsymbol{\varphi}^*(\boldsymbol{A})$$

由于

$$\boldsymbol{\varphi}^*(\boldsymbol{A}) = \boldsymbol{A}^3 + 14\boldsymbol{A}^2 + 60\boldsymbol{A} + 200\boldsymbol{I}$$

$$
= \begin{bmatrix} 0 & 1 & 0 \\ 0 & 0 & 1 \\ -1 & -5 & -6 \end{bmatrix}^3 + 14\begin{bmatrix} 0 & 1 & 0 \\ 0 & 0 & 1 \\ -1 & -5 & -6 \end{bmatrix}^2 + 60\begin{bmatrix} 0 & 1 & 0 \\ 0 & 0 & 1 \\ -1 & -5 & -6 \end{bmatrix} + 200\begin{bmatrix} 1 & 0 & 0 \\ 0 & 1 & 0 \\ 0 & 0 & 1 \end{bmatrix}
$$

$$
= \begin{bmatrix} 199 & 55 & 8 \\ -8 & 159 & 7 \\ -7 & -43 & 117 \end{bmatrix}
$$

且

$$
\begin{bmatrix} \boldsymbol{B} & \boldsymbol{AB} & \boldsymbol{A}^2\boldsymbol{B} \end{bmatrix} = \begin{bmatrix} 0 & 0 & 1 \\ 0 & 1 & -6 \\ 1 & -6 & 31 \end{bmatrix}
$$

可得

$$
\boldsymbol{K} = \begin{bmatrix} 0 & 0 & 1 \end{bmatrix} \begin{bmatrix} 0 & 0 & 1 \\ 0 & 1 & -6 \\ 1 & -6 & 31 \end{bmatrix}^{-1} \begin{bmatrix} 199 & 55 & 8 \\ -8 & 159 & 7 \\ -7 & -43 & 117 \end{bmatrix}
$$

$$
= \begin{bmatrix} 0 & 0 & 1 \end{bmatrix} \begin{bmatrix} 5 & 6 & 1 \\ 6 & 1 & 0 \\ 1 & 0 & 0 \end{bmatrix} \begin{bmatrix} 199 & 55 & 8 \\ -8 & 159 & 7 \\ -7 & -43 & 117 \end{bmatrix}
$$

$$
= \begin{bmatrix} 199 & 55 & 8 \end{bmatrix}
$$

　　显然,这三种方法得到的反馈增益矩阵 **K** 是相同的。使用状态反馈方法,正如所期望的那样,可将闭环极点配置在 $s=-2\pm j4$ 和 $s=-10$ 处。

　　应当注意,如果系统的阶次 n 大于或等于 4,则推荐使用方法 1 和方法 3,因为所有的矩阵计算都可由计算机实现。如果使用方法 2,由于计算机不能处理含有未知参数 $k_1,k_2,\cdots,k_n$ 的特征方程,因此必须进行手工计算。

第 3 章
船舶甲板机械
升沉补偿作业

3.1 船舶的运动描述

1. 坐标系

船舶的实际运动比较复杂,一般而言其具有六个自由度。为了更好地研究船舶的运动特性,需要采用合理的坐标系来描述船舶的位姿。国内通常采用的是通用坐标系,如图 3-1 所示。

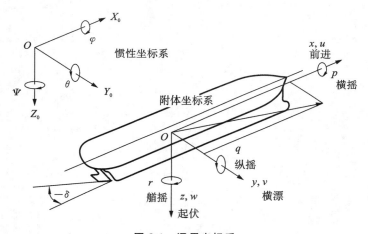

惯性坐标系

附体坐标系

x, u 前进

p 横摇

q 纵摇

y, v 横漂

r 艏摇

z, w 起伏

图 3-1 通用坐标系

在深海,船舶会因受到风浪以及自身动力装置的影响而起伏、前进、横漂、纵摇、横摇和艏摇。对于船舶甲板吊放装备升沉补偿控制系统来说,只需考虑起伏、横摇与纵摇即可。通常情况下,横摇与纵摇可以转换叠加在起伏上,形成一个广义的船舶升沉运动。

2. 广义升沉位移

船舶甲板吊放装备系统中 MRU 传感器可测量船舶的重心起伏位移,吊放装备的升沉位移包括两部分:一部分是重心的起伏位移,另一部分是因横摇与纵摇而引起的升沉位移,如图 3-2 所示。

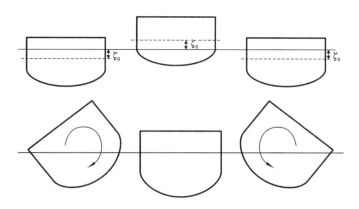

图 3-2 船舶升沉与横摇、纵摇引起的升沉位移变化示意图

关于横摇、纵摇引起的升沉位移可通过换算得到。以横摇引起的船舶升沉位移为例,如图 3-3 所示,船舶重心的升沉位移记为 ζ_0,吊放点与船舶重心在 y 轴方向上的距离记为 d_1,横摇角为 θ_1,则通过基本的三角公式进行转换可得横摇引起的吊放装备的升沉位移 $\zeta_1 = d_1 \times \tan\theta_1$。同理可知,吊放点与船舶重心在 x 轴方向上的距离记为 d_2,纵摇角为 θ_2,则纵摇引起的吊放装备的升沉位移 $\zeta_2 = d_2 \times \tan\theta_2$。根据叠加原理,可得船舶吊放装备的总升沉位移为 $\zeta = \zeta_0 + \zeta_1 + \zeta_2$。

3. 波浪模型

通常情况下,深海中的波浪的幅值和周期表现出明显的时变性,可对其进行适当简化,即波浪可看作由一系列不同幅值、不同频率和不同相位的规则波组成。其中,规则波指的是在水面上传播的谐波,规则波可表示为

$$X(t) = a\sin(\omega t - \varphi) \quad (3\text{-}1)$$

因此深海中的不规则波浪可表示为

$$z(t) = L + \sum_{i=1}^{N_w} \left[\zeta_{wi} k_{wi} \sin(\omega_{wi} t - \varphi_{wi}) \right]$$

$$(3\text{-}2)$$

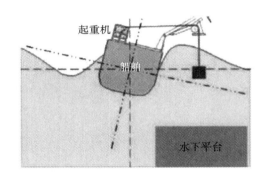

起重机

船舶

水下平台

**图 3-3 船舶横摇运动导致的吊放装备
的升沉位移变化示意图**

式中:

$$\begin{cases} \omega_{wi} = \omega_m + \dfrac{\omega_m - \omega_M}{N_w} i \\ k_{wi} = \dfrac{\omega_{wi}^2}{9.8}, \quad \varphi_{wi} = 2\pi \cdot \text{rand}(\cdot) \end{cases} \quad (3\text{-}3)$$

其中,$z(t)$ 指的是时刻 t 波浪的升沉波幅,L 指的是坐标系转换系数,ζ_{wi} 指的是谐波的振幅,k_{wi} 指的是谐波的量化系数,ω_{wi} 指的是谐波的角频率,φ_{wi} 指的是谐波的初始相位,ω_m 指的是谐波最小频率,ω_M 指的是谐波最大频率,N_w 指的是谐波数量,$\text{rand}(\cdot)$ 指的是 $0\sim1$ 的随机数。

在工程实际中,波浪一般用波谱密度 S_w 来表征,其物理意义是单位频谱上的波浪的能量。由波谱密度可求得谐波波幅:

$$A_{wi} = \sqrt{2S_{wi}\frac{\omega_{mi} - \omega_{Mi}}{N_w}} \tag{3-4}$$

不同的海况具有不同形式的波谱密度,相关数据可在深海中实地测量后获得,也可查阅相关文献直接获得。

在第十一届国际船模拖曳水池会议上,ITTC 双参数谱被选定为标准波浪谱,表达式为

$$S_{wi} = \frac{A}{\omega_{wi}}\exp\left(-\frac{B}{\omega_{wi}^4}\right) \tag{3-5}$$

式中:$A = \dfrac{173\zeta_{1/3}^2}{T_1^4}$;$B = \dfrac{691}{T_1^4}$;$\zeta_{1/3}$ 指的是有义波高;T_1 指的是波浪的特征周期。四级海况的具体参数如表 3-1 所示。

表 3-1　四级海况参数

海　　况	波高/m	特征周期/s	波浪周期主要范围/s
四级	2.1	5.4	2.8~10.6

一般来说,船舶的升沉位移可通过波浪的升沉波谱与对应的具体船舶的传递函数算得,即波浪的功率谱与对应船舶的幅值响应算子 RAO 相乘。船舶的 RAO 可看作一个低通滤波器,所以船舶的升沉位移同样可看作由一系列的谐波叠加而成。不同的船舶的 RAO 值是不同的,为简化分析且预留一定的裕度,可取 RAO 为 1。

参考表 3-1 中的参数,在四级海况的范围内构造一个船舶的升沉位移波形。船舶的升沉位移曲线及其频谱图如图 3-4 所示。

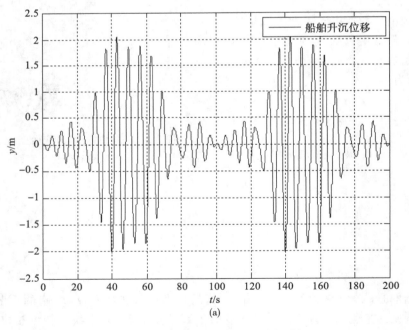

(a)

图 3-4　船舶的升沉位移曲线及其频谱图

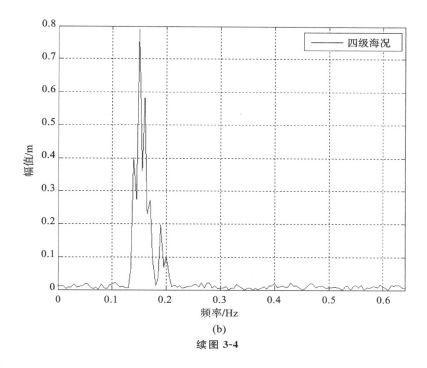

(b)

续图 3-4

3.2 升沉补偿系统组成、原理及布置

图 3-5 所示为升沉补偿系统组成及原理图。

此升沉补偿系统的工作原理为：钢丝绳一端固连在绞车 6 的卷筒上，另一端与负载相连，且钢丝绳缠绕经过动滑轮组 2 和定滑轮组 3。动滑轮组 2 和定滑轮组 3 之间的距离是可调节的。以地面为参考系，当船体上升时，不失一般性，假定绞车 6 角速度为零，那么负载便会向上运动，此时若希望负载保持静止，则可以使滑轮组 2 与定滑轮组 3 之间的距离适当减小。同理，当船体下降时，使动滑轮组 2 与定滑轮组 3 之间的距离适当增大即可达到升沉补偿的目的。

考虑到液压缸的行程比较短，并且一般的速度比较低，故此系统对其进行了 4 倍的行程与 4 倍的速度的放大。具体措施为：钢丝绳从绞车 6 开始，缠绕经过动滑轮组 2 和定滑轮组 3，并且缠绕两圈，再连接负载 1。缠绕两圈可补偿的最大行程为液压缸行程的 4 倍，可补偿的速度是液压缸的最大速度的 4 倍。一般来说，升沉补偿有两种实现的形式：一种是液压缸补偿，另一种是绞车补偿。绞车可补偿的行程较大，而液压缸可补偿的行程较小，通过滑轮组可以适当弥补这一不足。

此液压系统分为两部分，即被动补偿部分和主动补偿部分。起补偿作用的两个液压缸通过机械结构并联在一起，其中，图 3-5 中 4 是被动液压缸，5 是主动液压缸。当两液压缸收缩时，被动液压缸 4 下侧的油液会流到蓄能器 13 中，油液流入蓄能器 13 后，13 中的气体因体积被压缩而压力增大，从而使得 4 下方油腔中的油压增大，以此阻碍液压缸继续收缩；同理，当两液压缸伸长时，蓄能器 13 中气压会使得油液流向 4 下侧的油腔，由于 13 中的气压变小，因此 13 中下侧油腔中的油压变小，以此阻碍液压缸继续伸长。被动液压缸的工作原

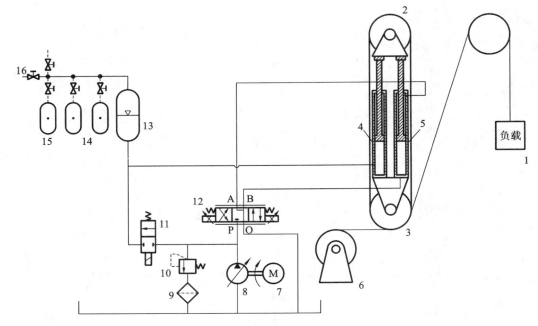

图 3-5 升沉补偿系统组成及原理图

1—负载；2—动滑轮组；3—定滑轮组；4—被动液压缸；5—主动液压缸；6—绞车；7—电机；8—液压泵；9—精密过滤器；
10—电磁溢流阀；11—电磁开关阀；12—比例换向阀；13—活塞式蓄能器；14—气瓶；15—高压气瓶；16—板式球阀

理与弹簧的类似，另外其还起着承受负载重力的作用，因此复合式升沉补偿装置比主动式升沉补偿装置需要的输入功率小很多。

尽管此系统的初始设计为复合式升沉补偿系统，但是只要在系统中加入若干个比例换向阀即可增加两种工作方式，分别是被动补偿与主动补偿。若需要进入被动补偿模式，则只需把比例换向阀的工作位置设置为中位，且把主动液压缸的上下两个油腔都与油箱直接连通即可。若需要进入主动补偿模式，则只需把蓄能器 13 与液压缸之间的通路截断，且把被动液压缸 4 的上下油腔都与油箱直接连通即可。因此，尽管此系统初始设计为复合式升沉补偿系统，但是在不增加较多的成本的情况下，加入数个比例换向阀便增加了另外两种补偿方式，较具有扩展性。

在额定负载为 8 t，四级海况的情况下，系统仍能达到 90% 以上的补偿率，详细参数如表3-2 所示。

表 3-2　系统参数

项　　目		符　　号	取　　值
补偿平台	额定负载	M	8000 kg
	波浪幅值	A	1.25～2.5 m
	波浪周期	T	4～12 s
	环境温度	C	−10～50 ℃
控制系统	目标补偿率	η	＞90%

升沉补偿系统安装于船舶吊放装置上，布置图如图 3-6 所示。图 3-6 中，1 表示蓄能器与控制柜，2 表示补偿系统液压缸组，3 表示液压系统，4 表示液压回路。

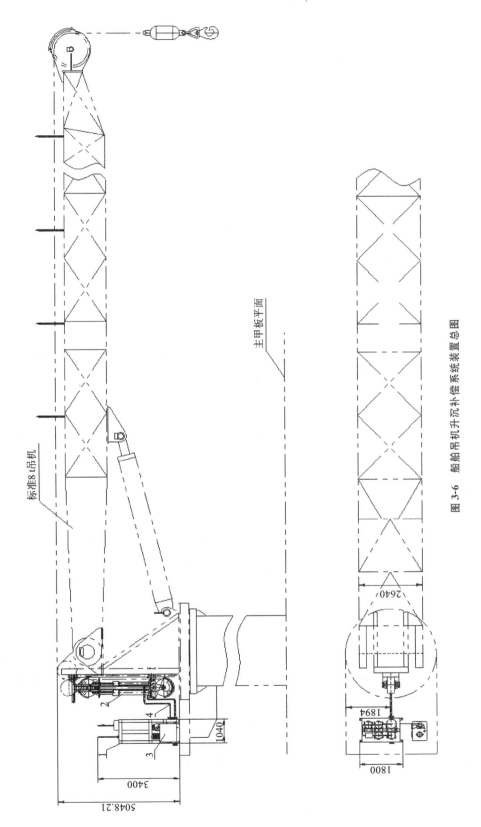

图 3-6 船舶吊机升沉补偿系统装置总图

3.3　升沉补偿系统的动力学模型

1. 建模

这里不考虑图 3-5 中的绞车 6 对系统的影响,这样能简化分析过程且不会对分析造成影响,下文不再赘述这一假设。

因为采用了滑轮组进行 4 倍行程放大,故负载绝对位移与活塞杆相对船体的位移和船舶升沉位移之间具有如下关系:

$$x_{\mathrm{h}} = 4x_{\mathrm{p}} + x_{\mathrm{s}}, \quad x'_{\mathrm{p}} = x_{\mathrm{p}} + x_{\mathrm{s}} \tag{3-6}$$

式中:x_{h} 指的是负载相对地面的绝对位移;x_{p} 指的是液压缸活塞杆相对船体的位移;x'_{p} 指的是活塞杆相对地面的绝对位移;x_{s} 指的是船舶的升沉位移。

以负载为分析对象,考虑它所承受的作用力,有

$$T - M_{\mathrm{t}}g = M_{\mathrm{t}}\frac{\mathrm{d}^2 x_{\mathrm{h}}}{\mathrm{d}t^2} \tag{3-7}$$

式中:T 指的是钢丝绳的拉力,M_{t} 指的是负载的质量。

以液压缸活塞杆为分析对象,其主要的作用力包括主动补偿力、被动补偿力、活塞杆重力、钢丝绳的压力、系统的摩擦力和油液黏性阻力。相对来说,滑动摩擦力较小,可忽略,得

$$P_{\mathrm{c}}A_1 + A_2 P_{\mathrm{L}} - 4T - M_{\mathrm{p}}g = M_{\mathrm{p}}\frac{\mathrm{d}^2 x'_{\mathrm{p}}}{\mathrm{d}t^2} + B_{\mathrm{p}}\frac{\mathrm{d}x_{\mathrm{p}}}{\mathrm{d}t} \tag{3-8}$$

式中:P_{c} 指的是被动缸的压强;A_1 指的是被动缸活塞面积大小;A_2 指的是主动缸的工作面积;P_{L} 指的是主动缸的油压;T 指的是钢丝绳的拉力;M_{p} 指的是活塞杆的质量大小;g 指重力加速度,B_{p} 指的是液压油的黏性阻尼系数。

考察计算 P_{c} 的过程。以被动补偿部分的蓄能器为对象,在等温条件下,气体压力为

$$P = P_0 V_0 / V \tag{3-9}$$

式中:P_0 指的是蓄能器内气体的初始压力值;V_0 指的是蓄能器内气体的初始体积;P 和 V 指的是工作过程中的气体压力和气体体积。因为在工作过程中,气体体积的变化相对于气体的初始体积 V_0 来说很小,因此可在平衡点 V_0 点处采用泰勒公式对其进行线性化处理,得

$$P = 2P_0 - \frac{P_0}{V_0}V \tag{3-10}$$

则

$$V = V_0 + x_{\mathrm{p}}A_1 \tag{3-11}$$

在初始状态 V_0 处,系统处于力平衡状态,即气体压力等于活塞杆重力与钢丝绳的 4 倍拉力之和,即

$$P_0 A_1 = 4M_{\mathrm{t}}g + M_{\mathrm{p}}g \tag{3-12}$$

另外,通过在被动缸与蓄能器之间的油路中串入 n 个节流阀可提高整个升沉补偿系统的阻尼大小,适当提高系统阻尼有助于改善控制特性,提高补偿效果。

选定节流阀为细长孔类型,其流量特性可表示为

$$q = \frac{\pi d^4 \Delta P}{128\mu l}, \quad \Delta P = P - P_{\mathrm{c}} \tag{3-13}$$

式中：q 指的是节流阀的流量；d 指的是节流阀的阀孔直径大小；l 指的是单个阀孔的长度；μ 指的是油液黏性阻尼系数；ΔP 指的是阀两端的液压差；P 指的是蓄能器内气体的压力；P_c 指的是被动缸内油压。考虑到 $q = \dot{x}_p \cdot A_1$，共加入 n 个节流阀，那么得到

$$P_c = P - n \cdot \frac{128 \mu l A_1}{\pi d^4} \dot{x}_p \tag{3-14}$$

整合式(3-6)至式(3-8)，得下式：

$$P_c = (4M_t g + M_p g)/A_1 - \frac{P_0 A_1}{V_0} x_p - h_c \frac{\mathrm{d} x_p}{\mathrm{d} t} A_1 \tag{3-15}$$

式中：$h_c = 128 n \mu l/(\pi d^4)$，其中，$n$ 指的是串联的节流阀的数量，n 取 5，μ 指的是油液黏性阻尼系数；l 指的是阀孔的长度；d 指的是阀孔的直径大小。

液压缸的流量连续方程可表示为

$$Q_L = A_2 \frac{\mathrm{d} x_p}{\mathrm{d} t} + \frac{V_t}{4 \beta_e} \frac{\mathrm{d} P_L}{\mathrm{d} t} \tag{3-16}$$

式中：Q_L 指的是主动缸的负载流量；V_t 指的是主动缸的有效体积；β_e 指的是有效体积弹性模量，取 $\beta_e = 7.0 \mathrm{e}^8$。

由于比例换向阀的频率响应相对于整个系统的频宽来说要大很多，因此可以将其看作一个比例环节 K_{sv}，得

$$Q_L = I(s) \cdot K_{sv} \cdot \sqrt{P_S} \tag{3-17}$$

其中，$K_{sv} = 1.4875 (\mathrm{m}^3/\mathrm{s})/\mathrm{A}$。以 mA 为单位，则得 $K_{sv} = 1.4875 \mathrm{e}^{-3} (\mathrm{m}^3/\mathrm{s})/\mathrm{mA}$。

对上述相关各式进行拉氏变换，便能得到

$$x_h(s) = \frac{\dfrac{16 K_{sv} A_2 \beta_e \sqrt{P_S}}{V_t}}{s \left[(M_p + 16 M_t) s^2 + (B_p + h_c A_1^2) s + \dfrac{4 A_2^2 \beta_e}{V_t} + \dfrac{P_0 A_1^2}{V_0} \right]} \cdot I(s)$$
$$+ \left[\frac{(-4 M_p - 16 M_t) s^2}{(M_p + 16 M_t) s^2 + (B_p + h_c A_1^2) s + \dfrac{4 A_2^2 \beta_e}{V_t} + \dfrac{P_0 A_1^2}{V_0}} + 1 \right] \cdot x_s(s) \tag{3-18}$$

将前述 K_{sv}、β_e 等实际参数值代入式(3-18)，且取 $M_t = 8000 \ \mathrm{kg}$，$M_p = 300 \ \mathrm{kg}$，得

$$x_h(s) = \frac{5.96 \mathrm{e}^7}{1.28 \mathrm{e}^5 \cdot s^3 + 2.57 \mathrm{e}^5 \cdot s^2 + 7.04 \mathrm{e}^7 \cdot s} \cdot I(s)$$
$$+ \left(\frac{-1.29 \mathrm{e}^5 s^2}{1.28 \mathrm{e}^5 \cdot s^2 + 2.57 \mathrm{e}^5 \cdot s + 7.04 \mathrm{e}^7} + 1 \right) \cdot x_s(s) \tag{3-19}$$

式(3-19)表示负载的位移将受到比例换向阀的输入电流的控制和船舶升沉运动的扰动。一般来说，希望能够通过合理地控制 $I(s)$ 来抵消船舶的升沉运动 $x_s(s)$ 引起的负载的位移 $x_h(s)$ 的变化。常见的思路有两种：第一种是把船体的升沉运动当作外界对受控系统的干扰输入，寻找合理的反馈方法，比如说滑模控制和 PID 控制等；第二种是通过传感器或者观测器来实时跟踪船体的升沉位移 $x_s(s)$，经过计算得出能抵消 $x_s(s)$ 的作用的 $I(s)$ 的值，例如前馈控制或者预测控制等。

下面将分别采用两种不同的思路来对此进行控制仿真，分析结果并得到结论。

2. 性能分析

在对系统进行动态性能分析时,侧重于分析可控部分,即负载的位移与输入比例换向阀的控制电流之间的关系。由上文的分析可知,由比例换向阀的输入电流引起的负载的位移变化的传递函数为

$$\frac{x_{\mathrm{h}}(s)}{I(s)} = \frac{\dfrac{16K_{\mathrm{sv}}A_2\beta_{\mathrm{e}}\sqrt{P_{\mathrm{S}}}}{V_{\mathrm{t}}}}{s\left[(M_{\mathrm{p}}+16M_{\mathrm{t}})s^2+(B_{\mathrm{p}}+h_{\mathrm{c}}A_1^2)s+\dfrac{4A_2^2\beta_{\mathrm{e}}}{V_{\mathrm{t}}}+\dfrac{P_0A_1^2}{V_0}\right]} \tag{3-20}$$

即

$$\frac{x_{\mathrm{h}}(s)}{I(s)} = \frac{5.96\mathrm{e}7}{1.28\mathrm{e}5 \cdot s^3 + 2.57\mathrm{e}5 \cdot s^2 + 7.04\mathrm{e}7 \cdot s} \tag{3-21}$$

绘制伯德图,进行频率特性分析,得到图 3-7 所示的结果。

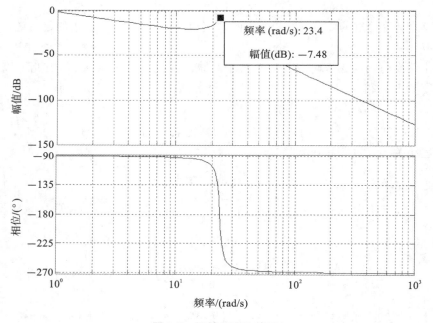

图 3-7　系统开环伯德图

通过分析伯德图,可知对象是稳定的,相位裕度为 90°,其幅值裕度为 7.48 dB,满足工程上的应用要求。一般来说,液压缸作为重要部件串联在控制系统中,其幅频特性曲线会在穿越频率处有一个极大值点,这个极大值点的值即为系统幅值裕度,而此极大值点越大,系统的幅值裕度越小,这对整个系统是很不利的。为了改善此问题,一般增大系统的阻尼,让穿越频率处的极大值减小,因此本章上文中设计的系统已在被动液压缸与蓄能器之间串联入了 5 个节流阀。

3.4　船舶升沉运动的预报

一般情况下,升沉补偿系统采用 MRU 传感器测量船体的位移数据,而实际中 MRU 传

感器存在一定的时滞,这个滞后会导致升沉补偿系统的补偿效果明显变差,甚至会导致系统不稳定。对于某个 MRU 传感器来说,其滞后的时间是固定不变的,滞后时间 Δt 是可以通过多次提前的试验来获得的。因此,理论上来说,对传感器采集到的位移数据进行数据预报,预报时间为 Δt,只要预报方法得当,那么因传感器的滞后而带来的负面影响便可以尽可能减小。

波浪作用于船舶,使得船舶发生升沉、横摇、纵摇等运动,在较短的时间段之内,船舶的运动是有一定的规律的,利用船舶的短期运动规律以及近期的运动历史数据,便可以预报将来 Δt 时刻后的传感器数据。这便是船舶升沉运动可预报的基础。

对于船舶在海浪中的升沉运动的预报,已经有很多的学者做出了研究,包括采用统计预报法、卷积法、卡尔曼滤波法、艏前波法、时间序列分析法、人工神经网络预报法等。统计预报法需要对较大量的数据进行预处理,过程较复杂,需要高性能计算机,误差随着预报时间的增长而较快增大,实际应用有较大困难。卷积法所需的船舶数据量较大,有较大的计算量,难以在工程中实际应用。卡尔曼滤波法计算量不大,预报效果也较理想,但是需要船舶运动的精确的状态方程,这个是很难得到的,因为船舶运动的状态方程在较短的一段时间可以近似不变,时间长了便会发生较大的改变。艏前波法要求能够测量距离船首一定位移的位置的波浪,因此难以推广应用。时间序列分析法与人工神经网络预报法都得到了较为广泛的应用,计算量较小,且预报时间较长,自适应性较强,在许多文章中都能看到相关研究。

若较短的时间内,船舶的运动可以近似地看作由若干个正弦信号叠加而成的,那么从频谱分析的角度来对船舶的运动进行预报则更能反映其本身的运动规律。一种较有实际应用价值的方法是用快速傅里叶变换对较近一段时间的历史数据进行频谱分析,得到其中主要的几个信号成分的幅值、频率与相位等信息,再以此为基础来预测将来较近的一段时间内的数据。笔者认为此方法实用有效,具有较大的工程价值。本章将在此方法的基础上,进行更加详细的描述以及进一步的优化。

根据上文对波浪模型的描述,船舶的运动相对于波浪来说,可以近似看作一个低通滤波器,那么在较短的一段时间 T_{FFT} 内,船舶的升沉运动便可以看作由若干个正弦波线性叠加而成。只要能够找出其中具有较大幅值的正弦波即可在较大精度上对船舶的运动进行短时预报。

3.4.1 升沉运动的预报

1. 数据预处理部分

在对 MRU 传感器采集到的一段历史数据进行处理之前,需要对其进行滤波处理。主要是因为 MRU 传感器测得的数据都会不可避免地混有部分随机噪声,而这会对下文的分析过程造成不利影响。因此需要对检测到的信号进行滤波处理。考虑到四级海况下,波浪的主要频谱成分集中在 $0.1 \sim 0.3$ Hz 之间,而混有的噪声主要是高频噪声,因此选用合适的低通滤波器即可。

此处选取小波变换的方式进行低通滤波。普通的惯性环节也具有低通滤波的作用,但是会导致信号的相位发生变化,故不宜采用。而小波变换滤波的基本原理是:选取一组小波基,将信号按照这组小波基来进行划分,划分后的信号便被分解成了不同频率范围的子信号,将这些子信号分别对应处理,主要是将高频段的子信号置为零,再把处理过的子信号进行整合,从而得到低通滤波后的信号。小波变换滤波的原理与普通的惯性环节滤波的不同,小波变换滤波不会对信号的相位造成偏移。

小波基有多种,本小节选取多贝西(Daubechies)小波($N=4$)。主要是因为 Daubechies小波的曲线光滑,若用不光滑的小波(比如 Haar 小波)处理信号,效果会变差。

为了验证小波变换滤波的有效性,利用 MATLAB 对一段数据进行滤波,分析滤波结果。滤波前的信号曲线与滤波后的信号曲线对比如图 3-8 所示。理想信号曲线与滤波后的信号曲线对比如图 3-9 所示。

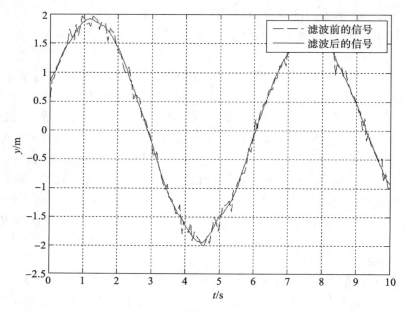

图 3-8　滤波前后的信号曲线对比

分析图 3-8 可知,滤波前的信号具有明显的抖动特征,而滤波后的信号明显变得平滑了许多,说明了采用小波变换滤波是能满足低通滤波的要求的。分析图 3-9 可知,理想信号曲线和滤波后的信号曲线基本重合,相位上并没有明显的滞后,显然是符合工程实际需要的。综上,可知在工程实际中,采用小波变换来对较近的一段时间的历史数据进行预处理是合理可行的。

2. 船舶升沉运动短时预报算法的设计

一般来说,船舶的升沉运动可以表征为若干个正弦简谐波的线性叠加:

$$w(t) = \sum_{i=1}^{N} A_i \sin(2\pi f_i t + \varphi_i) + h(t) \tag{3-22}$$

式中:$i=1,2,\cdots,n$;A_i、f_i、φ_i 分别指第 i 个正弦波的幅值、频率、相位角。而 $h(t)$ 指的是船舶的实际运动与 n 个正弦波的线性和之间的误差,可以看作随机误差。

图 3-10 所示为升沉运动短时预报的算法结构图。基本的原理为:经 MRU 传感器测量到的信号经过坐标转换得到 $y(t)$,然后对较近的一段时间内 $y(t)$ 的历史数据进行初步的数据滤波,经滤波后的数据为 $w(t)$;利用快速傅里叶变换对 $w(t)$ 进行频谱分析,得到其中主要频率成分相对应的幅值 $A(f)$ 与相位 $\varphi(f)$,对幅值的大小进行分析,挑选出其中前 N 个具有较大幅值的信号,这一步骤称为峰值检测;经过峰值检测,便可知所需的 N 个模态信号的频

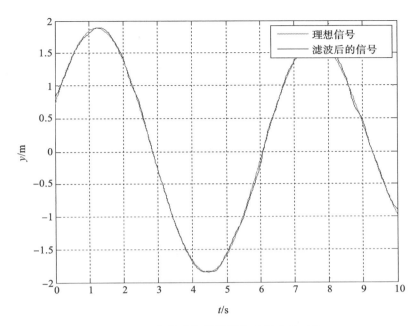

图 3-9 理想信号与滤波后信号的曲线对比

率 f_{FFT}、幅值 A_{FFT}、相位 φ_{FFT};考虑到船舶的运动规律是时变的,且观测到的信号夹杂着噪声,另外数据处理也会进一步引入误差,所以需要让辨识出来的模态信号能实时更新,因此引入了卡尔曼观测器;通过卡尔曼观测器,以 $w(t)$ 和辨识出的 N 个模态信号的频率、幅值、相位信号为输入,输出实时更新的最佳观测的频率、幅值、相位值,经观测得到的 N 个模态信号表示为频率 $\hat{f}_{obs}$,幅值 $\hat{A}_{obs}$,相位 $\hat{\varphi}_{obs}$。以卡尔曼观测器得到的模态信息为基础,便可计算出船舶在将来 Δt 时刻的广义的升沉运动。

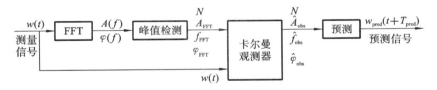

图 3-10 升沉运动短时预报的算法结构图

在实际中运用此方法来预报船舶的升沉运动时,会遇到两个问题。第一个问题是数据滤波与快速傅里叶变换需要耗费较多的计算资源,为了增强其工程实用性,每 ΔT_{FFT} 进行一次测得的数据的滤波与频谱分析,根据实际海况与计算机性能合理选择 ΔT_{FFT}。第二个问题是假设 N 个模态信号在 ΔT_{FFT} 范围内,其频率 f 不变。即设定在 ΔT_{FFT} 时间内,$f_{obs,i,k} = f_{FFT,i,0}$。一方面在较短时间内信号频率的变化很小,另一方面各个模态信号的幅值与相位是实时辨识的,可以在一定程度上减少由于忽略频率的变化而带来的误差,因此这个假定是合理的。

3. 船舶升沉运动短时预报算法

根据式(3-22),记

$$w_i = A_i \sin(2\pi f_i t + \varphi_i) \tag{3-23}$$

那么选取状态变量为

$$x_i = \begin{bmatrix} w_i \\ \dot{w}_i \end{bmatrix} = \begin{bmatrix} A_i \sin(2\pi f_i t + \varphi_i) \\ 2\pi f_i A_i \cos(2\pi f_i t + \varphi_i) \end{bmatrix} \tag{3-24}$$

则有

$$\dot{x}_i = \begin{bmatrix} 0 & 1 \\ -[2\pi f_i(t_0)]^2 & 0 \end{bmatrix} x_i \tag{3-25}$$

记：

$$A_i = \begin{bmatrix} 0 & 1 \\ -(2\pi f_i(t_0))^2 & 0 \end{bmatrix} \tag{3-26}$$

$$w_i(t) = \begin{bmatrix} 1 & 0 \end{bmatrix} x_i \tag{3-27}$$

$$C_i = \begin{bmatrix} 1 & 0 \end{bmatrix} \tag{3-28}$$

可得

$$\dot{x}_i = A_i x_i, \quad w_i(t) = C_i x_i \tag{3-29}$$

令 $x = \begin{bmatrix} x_1 & x_2 & \cdots & x_N & h \end{bmatrix}^T$，那么其观测器模型为

$$\dot{x} = \begin{bmatrix} A_1 & 0 & \cdots & & 0 \\ 0 & A_2 & & & \vdots \\ \vdots & & \ddots & & \vdots \\ \vdots & & & A_N & 0 \\ 0 & \cdots & \cdots & 0 & 0 \end{bmatrix} x \tag{3-30}$$

$$w(t) = \begin{bmatrix} C_1 & C_2 & \cdots & C_N & 1 \end{bmatrix} x \tag{3-31}$$

在采样时间节点上，其初始状态为

$$x(t_0) = \begin{bmatrix} x_{1,0} & x_{2,0} & \cdots & x_{N,0} & h_0 \end{bmatrix}^T \tag{3-32}$$

将模型离散化为

$$x_{k+1} = e^{(A_0 \cdot \Delta T)} x_k \tag{3-33}$$

可记：

$$\boldsymbol{\Phi}_0 = e^{A_0 \cdot \Delta T} \tag{3-34}$$

$$w_k = C_0 x_k \tag{3-35}$$

利用离散型卡尔曼滤波器对 N 个模态信号的幅值和相位设计观测器：

$$\hat{x}_{k+1} = \boldsymbol{\Phi}_0 \hat{x}_k + M_k(w_k - \hat{w}_k) \tag{3-36}$$

其中，

$$\hat{x}_0 = x_0 \tag{3-37}$$

$$\hat{w}_k = C_0 \hat{x}_k \tag{3-38}$$

观测器反馈增益矩阵：

$$M_k = P_k C^T (C P_k C^T + R)^{-1} \tag{3-39}$$

其中，

$$P_{k+1} = (I - M_k C_0)(\boldsymbol{\Phi}_0 P_k \boldsymbol{\Phi}_0^T + \widetilde{Q}_0) \tag{3-40}$$

$$P_0 = E[(x_0 - \hat{x}_0)(x_0 - \hat{x}_0)^T] \tag{3-41}$$

$\widetilde{Q}_0$ 可以取为

$$\widetilde{Q}_0 = 0.5(\boldsymbol{\Phi}_0 Q \boldsymbol{\Phi}_0^T + Q) \Delta T \tag{3-42}$$

利用观测器得到的 N 个主要模态信号的频率、幅值和相位即可预报 T_{pred} 时刻的船舶升

沉位移。

对于单个正弦波,预报形式为

$$\hat{x}_{1,i,k} = A_{\text{obs},i,k} \cdot \sin(2\pi f_{\text{FFT},i,0} \cdot t_k + \varphi_{\text{obs},i,k}) \tag{3-43}$$

$$\hat{x}_{2,i,k} = 2\pi A_{\text{obs},i,k} \cdot f_{\text{FFT},i,0} \cdot \cos(2\pi f_{\text{FFT},i,0} \cdot t_k + \varphi_{\text{obs},i,k}) \tag{3-44}$$

其中,

$$\varphi_{\text{obs},i,k} = \arctan(2\pi f_{\text{FFT},i,0} \cdot \hat{x}_{1,i,k}/\hat{x}_{2,i,k}) - 2\pi f_{\text{FFT},i,0} \cdot t_k \tag{3-45}$$

$$A_{\text{obs},i,k} = \hat{x}_{1,i,k}/\sin(2\pi f_{\text{obs},i,k} \cdot t_k + \varphi_{\text{obs},i,k}) \tag{3-46}$$

$$f_{\text{obs},i,k} = f_{\text{FFT},i,0} \tag{3-47}$$

再把 N 个正弦波与观测到的扰动信号进行线性叠加,即可得到预报的 T_{pred} 时刻的船舶升沉位移:

$$w_{\text{pred}}(t_k + T_{\text{pred}}) = \sum_{i=1}^{N} A_{\text{obs},i,k}\sin(2\pi f_{\text{obs},i,k}(t_k + T_{\text{pred}}) + \varphi_{\text{obs},i,k}) + p_k \tag{3-48}$$

3.4.2 工程中的波浪建模

在实际运算时,会出现一些困难。其中一个困难是,四级海况下波浪的主频谱非常低,且不同频率之间的间隔非常小,远小于 1 Hz,但是 FFT 的频谱分析的最小分辨率为 1 Hz,因此需要做相应的处理。

另一个困难是,计算误差等原因导致幅频曲线在主频率附近也会有一定的数值,而这会干扰对主频率的判断,因为这个数值可能是由计算误差引起的,也有可能是原信号中确实包含这一频率成分的信号,若是计算误差导致的则应将其忽略掉,若原信号中确实包含这一成分的信号则需将其保留下来。

还有一个困难是,在求取信号的相位时,利用普通的 FFT 方法进行频谱分析是得不到正确的相位值的,需要寻找其他的方法。

1. 信号的尺度变换

由于四级海况下波浪的主频谱低,且不同主频谱之间的间隔较近,约为 0.01 Hz,但是 FFT 得到的幅频曲线的横坐标的最小间隔为 1 Hz,因此直接对原始数据进行傅里叶变换是不可行的。需要利用尺度变化,将原信号进行收缩,对收缩后的信号进行 FFT 变换,得到相应的幅频相频图,最后针对得到的幅频相频图的坐标进行适当处理。基本流程如下所示。

假定原信号为

$$X_0 = A\sin(2\pi f t + \varphi) \tag{3-49}$$

式中:X_0 的幅值为 A,频率为 f,相位为 φ。

对信号进行 N 倍收缩,得到:

$$X_1 = A\sin(2\pi f N t + \varphi) \tag{3-50}$$

对 X_1 进行频谱分析,得到的数据为:X_1 的幅值为 A;频率为 fN;相位为 φ。

对比可发现 X_0 与 X_1 的幅值和相位是一致的,X_0 的频率为 X_1 的 $1/N$。因此,对 X_0 进行 FFT 变换,可等效于对 X_1 进行 FFT 变换,并且分辨率提高了 N 倍。

2. 峰值检测

本小节选取的 T_{FFT} 为 200 s,N 取 100。在进行 FFT 变换得到幅频曲线时,由于计算误差等因素在主频率附近也会有一定的数值。考虑信号:

$$X_0 = \sin(2 \times \pi \times 5 \times t/N + 10\pi/180) \tag{3-51}$$

其只有一个主频率,即 5 Hz。进行 FFT 变换后,得到的幅频图如图 3-11 所示。

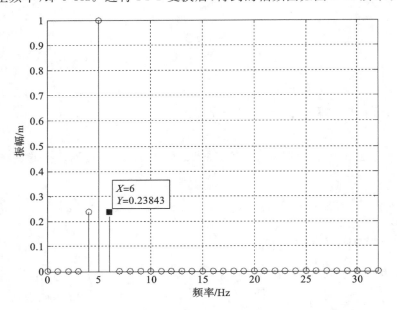

图 3-11 信号 X_0 的幅频曲线

原信号中,只包含了一个频率为 5 Hz 的谐波,但是图 3-11 中在 4 Hz 和 6 Hz 的位置各有一个幅值约为 0.24 的凸点。显然,这两个点属于误差点,信号源中并非真正包含这两种频率的谐波。

为解决对应的问题,一种可行的方法是:分析幅频曲线,选取振幅最大的点的频率 f_1,对应的幅值为 A,相位为 φ。得到第一个谐波:

$$X_1 = A\sin(2\pi f_1 \cdot t + \varphi) \tag{3-52}$$

把原信号 X_0 减去得到的第一个谐波信号 X_1,得到 $(X_0 - X_1)$,再对 $(X_0 - X_1)$ 进行傅里叶变换,若原信号中本不包含 4 Hz 与 6 Hz 的信号,则 $(X_0 - X_1)$ 的幅频曲线在 4 Hz 与 6 Hz 的幅值将接近于零,若原信号中包含 4 Hz 与 6 Hz 的信号,则 $(X_0 - X_1)$ 的幅频曲线在 4 Hz 与 6 Hz 处的幅值仍将较大。据此可辨别,幅频曲线上对应的这个数值是由计算误差引起的,还是因为原信号中确实包含这一频率成分的信号。

在实际的操作中,选取前六个具有较大振幅的谐波信号为主要成分,其余的可看作随机噪声。

3. 全相位谱分析法

利用传统的 FFT 方法求取信号的初始相位时,只有在采样的数据长度正好是谐波信号的周期长度的整数倍时,才能获得较准确的初始相位值,但是在实际应用中,一般一次计算的数据长度是固定不变的,本章取为 200 s,而待辨识的谐波的周期是未知且动态变化的,因此无法满足采样的数据长度正好是谐波信号的周期长度的整数倍这一苛刻的条件。当不满足此条件时,便会出现频谱泄漏问题,得不到正确的初始相位值。

全相位谱在抑制频谱泄漏上具有非常优良的性质。其中,采用 MATLAB 来进行仿真计算,测试的信号取为

$$X = \sin(2\pi f_1 t/N + 10\pi/180) \tag{3-53}$$

利用 MATLAB 进行仿真运算,得到的幅频特性曲线和相频特性曲线如图 3-12 所示。

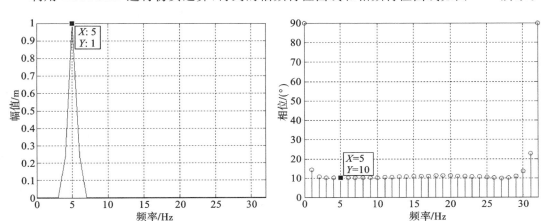

图 3-12 利用全相位谱分析法得到的测试信号幅频特性曲线及相频特性曲线

由图 3-12 得到的数据为:信号源的频率为 5 Hz,幅值为 1,初始相位为 10°。根据测试信号的表达式:$X = \sin(2\pi f_1 t / N + 10\pi/180)$,测试信号的频率为 5 Hz,幅值为 1,初始相位为 10°,与由全相位谱分析法得到的数据一致,充分说明了全相位谱分析法的准确性,在实际的频谱分析中具有较大的实用价值。

3.4.3 算例

(1)考虑到 MRU 传感器的时间延迟为 0.5 s,利用上述升沉运动预报方式进行信号预报,提前预报时间为 0.5 s 时,仿真得到的信号曲线如图 3-13 和图 3-14 所示。图 3-13 所示为船体实际升沉位移曲线与经预报得到的位移曲线的对比,在直观上十分相近。图 3-14 所示为预报信号与实际信号之间的误差曲线。

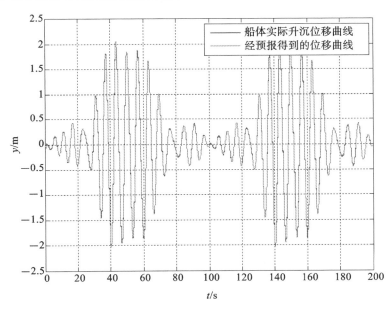

图 3-13 船体实际升沉位移曲线与经预报(0.5 s)得到的位移曲线的对比

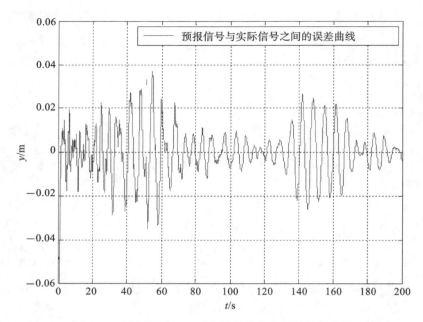

图 3-14 预报信号(0.5 s)与实际信号之间的误差曲线

分析具体数据,在系统工作一小段时间后,误差基本在 0.04 m 以内,而实际信号的幅值为 2 m,于是预报精度约为(1−0.04/2)×100%=98%。

(2)另外,除了弥补由于 MRU 传感器的时延带来的信号滞后问题,下面还将进行预测控制,需要比实际信号提前 0.5 s,因此提前预报信号的总时间为 1 s。设置预报时间为 1 s,仿真得到的信号曲线如图 3-15 和图 3-16 所示。图 3-15 所示为船体实际升沉位移曲线与经预报得到的位移曲线的对比。图 3-16 所示为预报信号与实际信号之间的误差曲线。

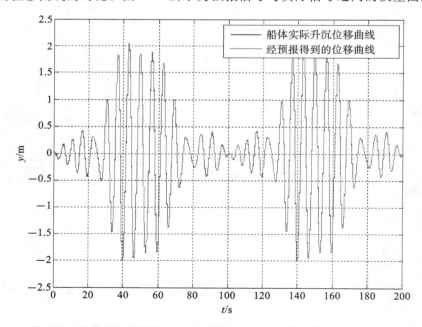

图 3-15 船体实际升沉位移曲线与经预报(1 s)得到的位移曲线的对比

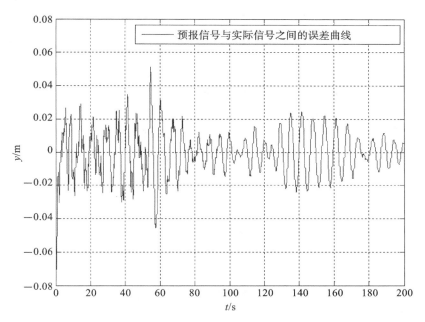

图 3-16　预报信号（1 s）与实际信号之间的误差曲线

分析具体数据，在系统工作一小段时间后，误差基本在 0.06 m 以内，而实际信号的幅值为 2 m，于是预报精度为 $(1-0.06/2)\times100\%=97\%$。

（3）预报信号为 0.5 s 时，预报精度约为 98%，预报信号为 1 s 时，预报精度约为 97%。预报精度随着预报时长的增大而稍稍降低。本书中所需最大的预报时长为 1 s。97% 的预报精度足以满足需求，也说明了本书所采用的预测信号的思路是正确的。此预测精度能满足实际需要，也为下文的预测控制和滑模控制打下了基础。

3.5　基于 PID 的预测控制

PID 控制是最早发展起来的控制策略之一，其算法简单、可靠性高。PID 控制技术最重要的精髓是，其不需要被控对象的精确模型，只用目标值与实际值之间的误差来进行控制计算，故能被广泛应用于过程控制和运动控制中。但是，普通的 PID 控制也具有自身的一些缺点，比如说系统的整体滞后相对较大、动态跟踪精度不高及鲁棒性较差等。本节将采用试凑法来获取 PID 控制器的参数，并进行仿真。通过仿真，发现补偿率达不到系统设计目标，需要考虑采用其他算法。

考虑到预测控制算法具有动态精度高的特点，同时 PID 控制具有简单实用的优点，为了将这两种算法的优点进行结合，本节提出一种基于 PID 的预测控制算法，利用 MATLAB 进行仿真验证并得到相应的补偿率，同时对预测控制算法的快速性与鲁棒性进行分析。

3.5.1　PID 控制

1. PID 控制原理

PID 控制是控制系统中的一个经典算法。PID 控制规律是对给定值 $R(t)$ 与实际输出值

$x_h(t)$的偏差 $e(t) = R(t) - x_h(t)$进行比例、积分、微分变换的控制规律,即

$$u(t) = K_p \left[e(t) + \frac{1}{T_i} \int_0^t e(\tau) \mathrm{d}\tau + T_d \frac{\mathrm{d}e(t)}{\mathrm{d}t} \right] \tag{3-54}$$

式中:K_p指的是比例系数;T_i指的是积分时间常数;T_d指的是微分时间常数;$u(t)$指的是控制器的输出信号。结合升沉补偿系统,其整体原理框图如图 3-17 所示。其中,$R(s)$指的是负载的目标位移,$x_h(s)$指的是负载的实际位移,$e(s)$指的是负载的目标位移与实际位移的偏差,$x_s(s)$指的是船舶的广义升沉位移,$G_1(s)$指的是比例阀对负载位移的作用的传递函数,$G_2(s)$指的是船舶的升沉位移对负载位移的作用的传递函数。

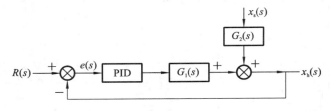

图 3-17　普通 PID 控制原理框图

2. PID 控制的仿真

PID 控制器的参数采用试凑法获取,取 $K_p=5$,$K_i=0$,$K_d=5$。基于 PID 控制算法,利用 MATLAB 进行仿真,得到的补偿效果如图 3-18 所示。普通 PID 控制器的输出曲线如图 3-19 所示。其中,补偿率为$(1-0.2953/2.05)\times 100\% \approx 85.6\%$。

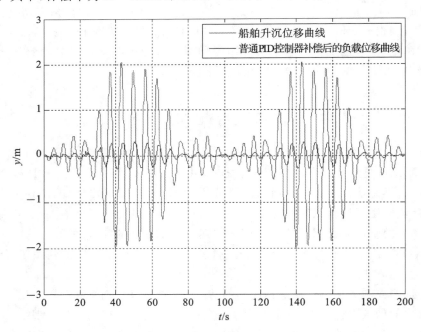

图 3-18　普通 PID 控制器的效果

分析图 3-18 与图 3-19,可知此系统的补偿率约为 85.6%,且控制器的输出曲线较为平缓。由于要求的补偿率为 90% 以上,故普通的 PID 控制器达不到设计要求,需要研究补偿率更高的算法。尽管普通的 PID 控制器的补偿率达不到要求,但是其还是具有两个明显的

优点:一个是控制器简单,所需信息少;另一个是控制器的输出曲线较为平缓,符合工程实际要求。

故下面将提出一种基于 PID 的预测控制算法,期望能把 PID 控制器的简单实用与预测控制动态精度高的优点结合起来。

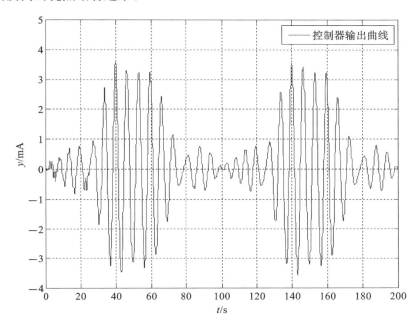

图 3-19 普通 PID 控制器的输出曲线

3.5.2 预测控制

预测控制是一种基于模型的控制方法,利用预测模型和系统的历史数据、未来输入来预测系统未来输出。通常包括三部分:预测模型、滚动优化、反馈校正。即通过某一性能指标在滚动的有限时间区间内的优化得到反馈校正控制。

(1)预测模型。预测模型是预测控制的基础。其主要功能是根据历史信息和未来输入预测系统的未来输出,具有预测功能的模型都可以作为预测模型,状态方程和传递函数及稳定系统的阶跃响应、脉冲响应函数等都可以作为预测模型。

(2)滚动优化。预测控制最主要的特征表现在滚动优化。预测控制的优化不是一次离线进行的,而是随着采样时刻的前进反复地在线进行的,故称为滚动优化。滚动优化与传统的全局优化不同,滚动优化在每一时刻的优化性能指标只是从该时刻起到未来有限的时间内的,而到下一时刻,这一优化过程同时向前推移,不断地进行在线优化。

(3)反馈校正。在每一时刻得到一组未来的控制动作,但只实现本时刻的控制动作,到下一时刻,根据系统当前状态对预测状态进行修正,再重新预测出一组新的控制动作,也是只实现一个新的控制动作,每步都是反馈校正。

预测模型有预见性,滚动优化和反馈校正能使系统更好地适应实际系统,因此预测控制有更强的鲁棒性。

1. 基于 PID 的预测控制

PID 控制是最早发展起来的控制策略之一,其算法简单且可靠性高。预测控制虽起步稍晚,但预测控制具有动态精度高的优点。另外,考虑到已有的信息中包括升沉补偿系统的动力学模型和船舶升沉运动的短时预报,其中短时预报除了可覆盖由 MRU 传感器带来的延时外,还可以提前预报一小段时间的信号,结合 PID 与预测控制的特点,采用一种将 PID 控制与预测控制相结合的方式。其基本工作原理描述如下。

1)系统控制原理

实际的系统控制原理如图 3-20 所示。

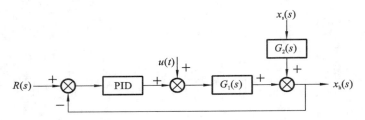

图 3-20　基于 PID 的预测控制原理

考虑到预测控制内包含的计算步骤较多,可将计算预测控制的时间周期设定得长一些,取 0.5 s 为一个控制周期 $T_{control}$。u_t 指的是通过预测算法得到的控制量的序列,每个 $T_{control}$ 会更新一次 u_t 序列。u_t 与 PID 控制器的输出值进行相加后,再传输到比例阀处。

2)u_t 的计算过程

(1)u_t 是一个时间长度为 0.5 s 的序列,每 0.5 s 更新一次。为了获取序列 u_t 的值,需要创造一个模拟环境。干扰 $x_s(s)$ 是可以预报 0.5 s 的,假定 $R(s)$ 及其 0.5 s 内的数值也是已知的,并且假定系统的传递函数是准确的,以及系统的实时状态(负载位移、负载的速度和负载的加速度)已知,基于以上几点信息,便可在计算机上提前进行模拟演练,将得到的控制器输出量记录下来,记为 u_1,如图 3-21 所示。

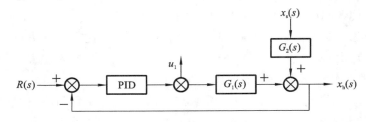

图 3-21　计算 u_1 的过程

(2)在完成第一次的演练计算后,得到序列 u_1 的值。其实 u_1 的值就是 PID 控制器的输出值。为了使 PID 控制器的输出值尽量减小,即 $R(s)$ 与 $x_h(s)$ 之间的误差尽可能缩小,可进行第二次迭代演练计算,如图 3-22 所示。把第一次计算得到的 u_1 与第二次的 PID 控制器的输出量进行叠加,并将此序列记录到 u_2 中。

(3)在完成第二次演练计算后,得到序列 u_2 的值。其实 u_2 的值就是 PID 控制器的输出值与 u_1 的叠加。与上述类似,进行第三次计算演练时,将 u_2 与第三次 PID 控制器的输出量进行叠加,并将此序列记录到 u_3,如图 3-23 所示。

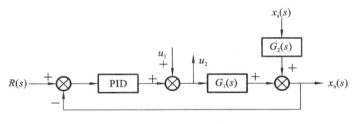

图 3-22 计算 u_2 的过程

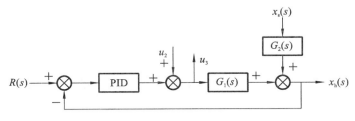

图 3-23 计算 u_3 的过程

（4）参照上述的演练计算规律，继续迭代下去。如图 3-24 所示，将计算 n 次所得到的序列记为 u_n，$u_t = u_n$。一般来说，迭代的次数越高，最后得到的控制序列 u_n 所能达到的控制效果就越好，但是所需花费的计算资源就越多，而且前几次的迭代已经把绝大部分的扰动抵消掉了，后面的迭代并不能带来较大的改善，反而会消耗大量的计算资源，因此一般来说，n 取 1 即可。

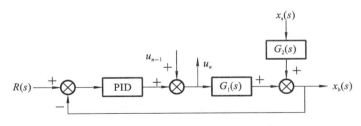

图 3-24 计算 u_n 的过程

2. 预测控制的仿真结果分析

基于预测控制的原理，采用一次迭代滚动优化的方式对系统进行仿真，得到的效果如图 3-25 与图 3-26 所示。

其中，负载位移的最大扰动值为 0.1226 m，补偿率为 $(1 - 0.1226/2.05) \times 100\% = 94.02\%$。

分析得到的图 3-25 与图 3-26，可知系统的补偿率达到了为 94.02%，且控制器的输出曲线较为平缓。由于要求的补偿率为 90% 以上，故基于 PID 的预测控制达到了设计要求。预测控制的补偿率相对于普通 PID 控制器来说大大提高了，且预测控制的输出曲线仍较为平缓，符合工程实际要求。因此，所设计的基于 PID 的预测控制是符合系统的设计目标的。

当然，在实际的升沉补偿系统中，除了补偿率以外，系统的快速性和鲁棒性也是一个很重要的指标，下面将对预测控制的快速性和鲁棒性进行分析。

3. 预测控制的快速性分析

控制系统的快速性是一个很重要的指标，下面将对预测控制的快速性进行分析。为分

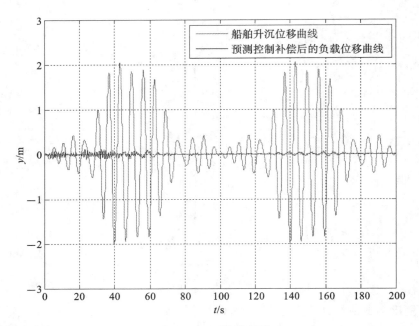

图 3-25 预测控制效果

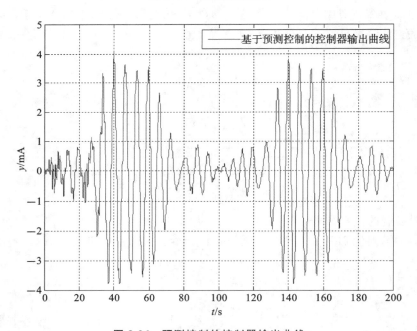

图 3-26 预测控制的控制器输出曲线

析控制器的快速性,可暂时忽略外界输入的干扰,考察系统对阶跃输入的响应情况,然后考察负载位移值回到平衡点附近所需的上升时间 t_r、调整时间 t_s 等的大小。以 PID 控制器的阶跃响应为基准,对预测控制算法的快速性进行分析并得到结论。参考四级海况的实际扰动幅值,取阶跃的目标值为 2 m。

利用 MATLAB 进行仿真验证,得到的 PID 控制器与预测控制算法的阶跃响应结果如图 3-27 所示。

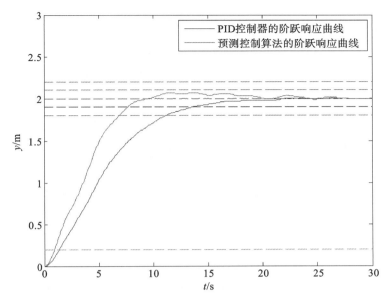

图 3-27　PID 控制器与预测控制算法的阶跃响应曲线对比

从图 3-27 中采集数据,可知:PID 控制器的上升时间 t_r 为 9.8 s,调整时间 t_s 为 13.6 s;预测控制算法的上升时间 t_r 为 6.0 s,调整时间 t_s 为 7.7 s。

显然,预测控制算法的上升时间比 PID 控制器的快了 3.8 s,预测控制算法的调整时间比 PID 控制器的快了 5.9 s。即预测控制算法的调整时间比 PID 控制器的缩短了 43.4%,其快速性的表现比 PID 控制器的要明显更好。另外,预测控制算法在阶跃响应的曲线中,没有出现抖振等现象,其超调量也非常小,小于 5%。

4. 预测控制算法的鲁棒性

鲁棒性是指控制系统在一定的参数摄动下,维持其良好的控制性能的特性。在实际工程应用中,最有可能变化的参数是负载的质量。升沉补偿系统所带负载的质量可能是变化的,并非固定在某一个值附近,而是具有一个较广的变化范围。本节所设计的升沉补偿系统的额定负载为 8 t,可初步认为实际的负载质量的范围为 1~8 t。

为了对设计的预测控制算法的鲁棒性进行验证,取负载质量为边界值,即取负载质量为 1 t 并进行仿真验证。换句话说,在计算预测控制输出值序列 u_t 的过程中采用的负载质量仍为 8 t,而仿真中负载的质量取 1 t。

仿真得到的结果如图 3-28 与图 3-29 所示。

其中,负载位移的最大扰动值为 0.2029 m,补偿率为 $(1-0.2029/2.05) \times 100\% = 90.1\%$。分析图 3-28 与图 3-29 可知,在考虑负载质量的变动后,系统的补偿率降低为 90.1%,且控制器的输出曲线增加了一些小的抖振成分。由于要求的补偿率为 90% 以上,因此在考虑负载质量扰动后预测控制算法在补偿率上仍然达到了设计要求,但是补偿率从最初的 94.02% 下跌到了 90.1%,且控制器的输出曲线没有之前的平缓,因此可认为预测控制算法的鲁棒性为中等水平。

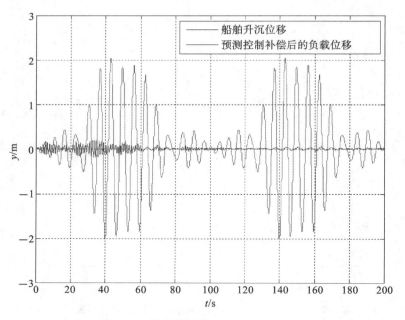

图 3-28 预测控制效果($M_t = 1000$ kg)

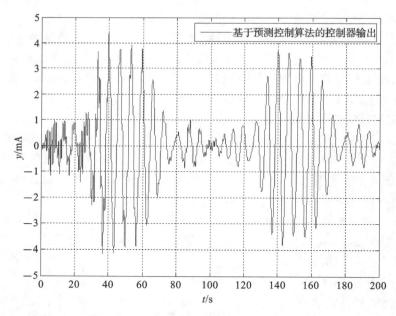

图 3-29 基于预测控制算法的控制器输出曲线($M_t = 1000$ kg)

3.6 滑模控制在升沉补偿系统中的应用

  PID 预测控制算法适用于系统参数变化范围较小的情况。考虑到实际应用中,可能会出现参数变化范围较大的情况,因此需要设计一个鲁棒性更强的系统。本节把滑模控制应用于升沉补偿系统,并仿真验证其控制效果。其中,主要的评价指标是补偿率、快速性和鲁棒性。

滑模控制是一种非线性控制,其基本控制思路是:设计一个滑模面,令系统的状态不断地趋近滑模面,在到达滑模面后,便引导系统的状态点达到系统的最终平衡点。由于滑动模态是可以提前设计的,并且滑动模态与系统的参数以及外界的扰动是无关的,因此,滑模控制系统一般都具有较强的鲁棒性。另外,根据不同的系统可以合理地设计不同的滑模面,使得系统具有快速响应的性能。同时,滑模控制使用简单,所需参数较少,对实际应用来说具有较大的意义。但是滑模控制也有较明显的缺点,系统惯性等因素会导致其状态容易在滑模面两侧来回穿越,从而产生抖动。有一些改善抖动的方法被提出来了,笔者将采用相关方法来改善抖动现象。

3.6.1 滑模控制器的初步设计

1. 系统状态方程

根据上文推导出的,整个系统的传递函数为

$$x_h(s) = \frac{\dfrac{16K_{sv}A_2\beta_e\sqrt{P_S}}{V_t}}{s\left[(M_p + 16M_t)s^2 + (B_p + h_cA_1^2)s + \dfrac{4A_2^2\beta_e}{V_t} + \dfrac{P_0A_1^2}{V_0}\right]} \cdot I(s)$$
$$+ \left[\frac{(-4M_p - 16M_t)s^2}{(M_p + 16M_t)s^2 + (B_p + h_cA_1^2)s + \dfrac{4A_2^2\beta_e}{V_t} + \dfrac{P_0A_1^2}{V_0}} + 1\right] \cdot x_s(s)$$

$$(3-55)$$

为方便起见,将式(3-55)记为

$$x_h(s) = \frac{k_4}{k_1 \cdot s^3 + k_2 \cdot s^2 + k_3 \cdot s} \cdot I(s) + \left(\frac{k_5 \cdot s^3}{k_1 \cdot s^3 + k_2 \cdot s^2 + k_3 \cdot s} + 1\right) \cdot x_s(s)$$

$$(3-56)$$

这里可以把船体的广义升沉位移 $x_s(s)$ 当作升沉补偿系统的干扰输入。为了方便下文的滑模控制律的设计,可暂时将船体位移的干扰等效为一个直接叠加到比例阀输入端的干扰量 Δ。根据传递函数的特性,将式(3-56)等效转化为

$$x_h(s) = \frac{k_4}{k_1 \cdot s^3 + k_2 \cdot s^2 + k_3 \cdot s} \cdot \left[I(s) + \frac{k_5 \cdot s^3 + k_1 \cdot s^3 + k_2 \cdot s^2 + k_3 \cdot s}{k_4} \cdot x_s(s)\right]$$
$$= \frac{k_4}{k_1 \cdot s^3 + k_2 \cdot s^2 + k_3 \cdot s} \cdot (I(s) + \Delta)$$

$$(3-57)$$

如此一来,便把船体的升沉位移转化为直接叠加到比例阀输入端的扰动量 Δ。在计算控制律时,只需知道 Δ 的绝对值范围大小即可。

2. 扰动范围计算

已知

$$\Delta = \frac{k_5 \cdot s^3 + k_1 \cdot s^3 + k_2 \cdot s^2 + k_3 \cdot s}{k_4} \cdot x_s(s) \qquad (3-58)$$

在四级海况下,由前文可知,在前期设计时可将 x_s 近似看作正弦运动:

$$x_s = 2.5\sin(\pi t/2) \tag{3-59}$$

将实际参数代入上式,可得

$$|\Delta|_{\max} \leqslant \left(\frac{k_1 + k_5}{k_4} \cdot \dddot{x}_s\right)_{\max} + \left(\frac{k_2}{k_4} \cdot \ddot{x}_s\right)_{\max} + \left(\frac{k_3}{k_4} \cdot \dot{x}_s\right)_{\max} = 4.67 \tag{3-60}$$

因此可将船体的升沉补偿对负载的绝对位移的影响当作一个叠加在比例阀的、且幅值在 4.67 内的干扰。

3. 控制律设计

假设负载的目标位移为 x_d,记 $e = x_d - x_h$,可将滑模函数设计为

$$s = \ddot{e} + c_1 \dot{e} + c_2 e \tag{3-61}$$

式中:c_1 与 c_2 必须满足赫尔维茨条件,即当 $s = 0$ 时,e 必须要趋于 0。$s = 0$ 是一个二阶的滑模面,$e \to 0$ 等同于要求 $\dfrac{-c_1 \pm \sqrt{c_1^2 - 4c_2}}{2}$ 含有负实部。记:

$$x_1 = x_h, \quad x_2 = \dot{x}_h, \quad x_3 = \ddot{x}_h \tag{3-62}$$

对 s 进行求导,可得:

$$\dot{s} = \dddot{e} + c_1 \ddot{e} + c_2 \dot{e} \tag{3-63}$$

式中:

$$\dddot{e} = \dddot{x}_d - \dot{x}_3 = \dddot{x}_d + \frac{k_3}{k_1} x_2 + \frac{k_2}{k_1} x_3 - \frac{k_4}{k_1} \cdot I \tag{3-64}$$

式中:I 指输入。

定义李雅普诺夫函数为

$$L = \frac{1}{2} s^2 \tag{3-65}$$

对 L 求导,将式(3-61)代入式(3-65),可得

$$\dot{L} = s\dot{s} = s(\dddot{e} + c_1 \ddot{e} + c_2 \dot{e}) = s\left(\dddot{x}_d + \frac{k_3}{k_1} x_2 + \frac{k_2}{k_1} x_3 - \frac{k_4}{k_1} \cdot I + c_1 \ddot{e} + c_2 \dot{e}\right) \tag{3-66}$$

考虑船舶升沉运动对系统中负载的位移产生的干扰 Δ,有

$$\dot{L} = s\dot{s} = s(\dddot{e} + c_1 \ddot{e} + c_2 \dot{e}) = s\left[\dddot{x}_d + \frac{k_3}{k_1} x_2 + \frac{k_2}{k_1} x_3 - \frac{k_4}{k_1} \cdot (I + \Delta) + c_1 \ddot{e} + c_2 \dot{e}\right]$$

$$\tag{3-67}$$

根据李雅普诺夫稳定性条件,为了使系统趋于稳定状态,只要使其满足 $\dot{L} \leqslant 0$ 即可。通常情况下,将输入 I 分为两个部分来计算:

$$I = I_1 + I_2 \tag{3-68}$$

其中,I_1 主要的作用是将 $\dot{L}$ 中的除干扰 Δ 以外的部分给抵消掉,而 I_2 主要的作用是把干扰 Δ 给抑制住且设置系统状态点趋近滑模面的方式与快慢。

$$I_1 = \left(\dddot{x}_d + \frac{k_3}{k_1} x_2 + \frac{k_2}{k_1} x_3 + c_1 \ddot{e} + c_2 \dot{e}\right) \cdot \frac{k_1}{k_4} \tag{3-69}$$

$$I_2 = k_s s + \eta \cdot \mathrm{sgn}(s), k_s > 0, \eta \geqslant |\Delta| \tag{3-70}$$

把式(3-67)、式(3-69)和式(3-70)联立起来,得

$$\dot{L} = -\frac{k_4}{k_1} s(k_s s + \eta \cdot \mathrm{sgn}(s) + \Delta) = \frac{k_4}{k_1} \cdot (-k_s s^2 - \eta |s| + \Delta \cdot s) \leqslant 0 \tag{3-71}$$

显然,L 是个随时间而衰减的函数,则 $s \to 0, e \to 0$。

4. 参数设定

需要设定的参数包括 k_s、η、c_1 和 c_2。

一般来说,可通过调节 k_s 的大小来设置系统趋近滑模面的速度。k_s 越大,则系统通常会更快速地趋近滑模面,但是 k_s 过大一方面对实际系统的驱动能力要求高,另一方面也可能造成系统不稳定。k_s 初步选为 0.5。

η 的选值一般比 Δ 的极大值稍微大一些即可,η 初步选为 5。

c_1 与 c_2 的选择满足赫尔维茨条件即可,可选 $c_1 = 2\lambda$,$c_2 = \lambda^2$,初步选择为:$c_1 = 16$,$c_2 = 64$。

这几个参数后续仍然可调整,需要先对其进行仿真验证,观察效果,若效果欠佳,则对参数进行修改直至满足要求。

5. 仿真

仿真结果如图 3-30 所示。

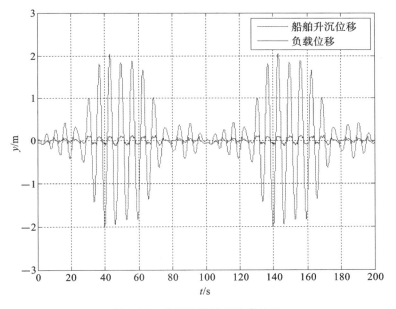

图 3-30　普通滑模控制仿真结果

如图 3-30 所示,负载的最大绝对位移基本在 0.123 m 以内,则此升沉补偿系统的补偿率为 $(1-0.123/2.05) \times 100\% = 94.0\%$,显然满足补偿率 90% 以上的要求。充分验证了所选择的参数是合理可行的。

但是,这个算法基于船舶的实时位移、速度、加速度等数据,以及负载的实时位移、速度、加速度等数据,即假设船舶与负载的实时运动状态是已知的,而实际这些数据会夹带部分噪声且是具有时延的。另外,这个控制器的输出量是频繁抖动的,如图 3-31 所示。而这个频繁的抖动对比例阀的寿命显然是不利的,而且,由于存在如此频繁的抖动,比例阀的模型不能再简化为比例环节,这将使得系统更加复杂。

因此,为了充分发挥滑模控制补偿率高、简单实用、鲁棒性强的优点,需要采用两种解决方案来解决上述问题。第一个措施是:通过信号预报得到实时位移,再加入微分器来求得实时速度与实时加速度。第二个措施是:在滑模控制器中采用准滑动模态。

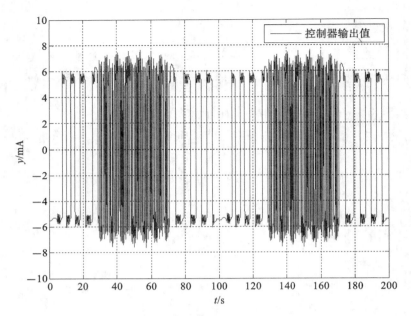

图 3-31　普通滑模控制仿真的控制器输出曲线

3.6.2　滑模控制器的调整

1. 微分器

一般来说,传感器直接测量得到的加速度和速度等信号都会夹带部分噪声,且存在滞后,考虑到前述已经对 MRU 传感器测得的位移信号进行了预报与滤波处理,因此针对经处理得到的升沉位移信号设计微分器即可得到船舶的实时速度和实时加速度信号。一个优良的微分器对于船舶的实时速度和实时加速度的获取具有重要意义。

由于负载相对于船舶的位移变化是通过编码器测量得到的,因此可认为测量得到的负载相对于船舶的运动数据是准确的,则负载相对于地面的实时速度和实时加速度可通过船舶的运动数据换算而来。

1) 经典微分器的不足

在经典微分器中,输入函数为 $w(t)$,则其在短时间间隔 τ 内的微分可近似表示为

$$\dot{w}(t) \approx \frac{w(t) - w(t-\tau)}{\tau} \tag{3-72}$$

式中:$w(t-\tau)$是通过一阶惯性环节 $1/(\tau s+1)$ 来实现信号的延时的。为了让得到的数据更接近真实的微分值,通常把时间常数 τ 选取得较小,这样 $w(t-\tau)$ 便会非常接近 $w(t)$。当有一个干扰信号 $n(t)$ 混入输入信号中时,输出的信号为

$$y(t) = \dot{w}(t) + \frac{1}{\tau}n(t) \tag{3-73}$$

显然,信号中夹带的噪声被放大了 $1/\tau$ 倍。考虑到 τ 的取值较小,那么噪声被放大了$1/\tau$倍后,会较大而不利于系统控制。因此需要寻找一个更适合的微分器。

2) 二阶高增益微分器的实现

由于经典微分器会引入较大的噪声而不利于系统控制,因此需要寻找一个自带低通滤波功能的微分器,即将低通滤波与微分器结合起来。

设计的二阶高增益微分器表达式为

$$\begin{cases} \hat{x}_1 = \hat{x}_2 - \dfrac{k_3}{\varepsilon}(\hat{x}_1 - x_1(t)) \\[2mm] \hat{x}_2 = \hat{x}_3 - \dfrac{k_2}{\varepsilon}(\hat{x}_1 - x_1(t)) \\[2mm] \hat{x}_3 = -\dfrac{k_1}{\varepsilon^2}(\hat{x}_1 - x_1(t)) \end{cases} \tag{3-74}$$

其中，$s^3 + k_1 s^2 + k_2 s + k_3 = 0$ 需满足赫尔维茨条件，则有

$$\hat{x}_1 \rightarrow x_1, \hat{x}_2 \rightarrow x_2, \hat{x}_3 \rightarrow x_3 \tag{3-75}$$

取 $\varepsilon = 0.01$，$k_1 = 3$，$k_2 = 3$，$k_3 = 2$。显然，k_1、k_2 和 k_3 之间满足赫尔维茨条件，即方程 $s^3 + k_1 s^2 + k_2 s + k_3 = 0$ 的所有的根都具有负实部。

3）二阶高增益微分器的效果验证

为了确定所设计的微分器是否真正有效，可预先使用一正弦信号对其进行仿真验证。确定微分器有效后，再把此微分器作为整个控制系统的一部分。为了方便起见，取测试的正弦信号为 $y = 2.5\sin(\pi t/2)$，利用 MATLAB 进行仿真，分别得到位置、速度和加速度的结果，如图 3-32 至图 3-35 所示。

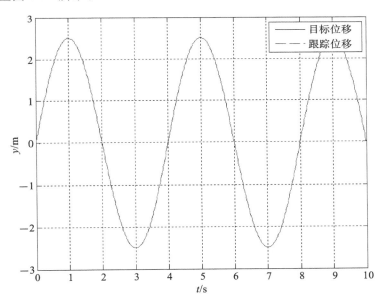

图 3-32　目标位移曲线和跟踪位移曲线

分析图 3-32 至图 3-35 中的曲线发现，无论是位移跟踪曲线、速度跟踪曲线还是加速度跟踪曲线，在最开始的一小段时间内跟踪误差都比较大，随后误差马上减小至零左右。在稳定后，位移的跟踪相对误差在 0.0014% 左右，速度的跟踪相对误差在 0.0795% 左右，加速度的跟踪相对误差在 9.3346% 左右。

不仅如此，除了最大相对误差较小外，此方法在时间上的滞后非常小，这一优点对升沉补偿系统来说非常重要，因为系统惯性较大，响应相对较慢。而采用惯性环节的方法将导致较大的延时，是不利于系统控制的。

上述分析充分说明了此微分器在此升沉补偿系统中的适用性，能够为整个系统的平稳

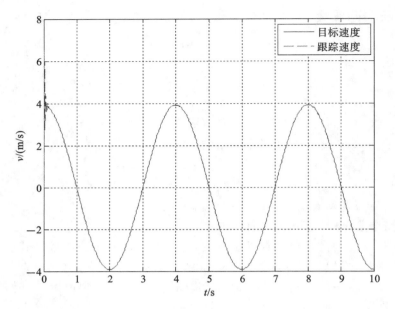

图 3-33　目标速度曲线和跟踪速度曲线

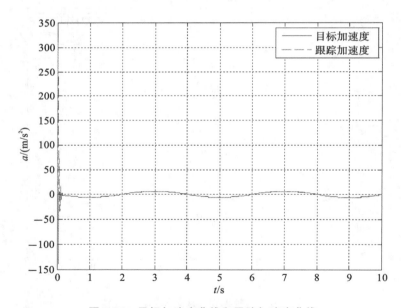

图 3-34　目标加速度曲线和跟踪加速度曲线

运行打下坚实基础。

2. 考虑准滑动模态

在滑动模态控制系统中,如果控制结构的切换具有理想的开关特性,则能在切换面上形成理想的滑动模态,这是一种光滑的运动,渐进趋近于原点。但在实际应用中,由于存在时间上的延迟和空间上的滞后等,滑动模态呈抖动形式,在理想的滑动上叠加了抖振。理想的滑动模态是不存在的,现实中的滑动模态控制均伴随有抖振,抖振问题是影响滑动模态控制广泛应用的主要原因。

所谓准滑动模态,是指系统的运动轨迹被限制在理想滑动模态的某一 Δ 邻域内的模态。

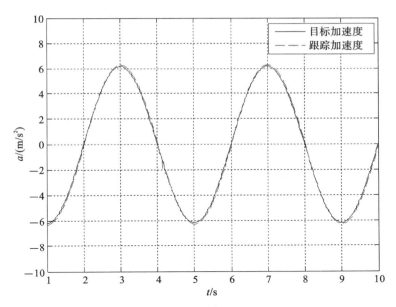

图 3-35　1 s 后的目标加速度曲线和跟踪加速度曲线

从相轨迹方面来说,具有理想滑动模态的控制是使一定范围内的状态点均被吸引至切换面。而准滑动模态控制则是使一定范围内的状态点均被吸引至切换面的某一 Δ 邻域内,通常称此 Δ 邻域为滑动模态切换面的边界层。

在边界层内,准滑动模态不要求满足滑动模态的存在条件,因此准滑动模态不要求在切换面上进行控制结构的切换。它可以是在边界层上进行结构变换的控制系统,也可以是根本不进行结构变换的连续状态反馈控制系统。准滑动模态控制在实现上的这种差别,使它从根本上避免或削弱了抖振,从而在实际中得到了广泛的应用。常用的解决方式有两种,分别是用饱和函数和用连续函数来代替 sgn(s)项。

1)饱和函数

具体对应到本系统:

$$I_2 = k_s s + \eta \cdot \text{sgn}(s) \tag{3-76}$$

中包含 sgn(s)项,sgn(s)是不连续的,可用饱和函数 sat(s)来代替此项。

饱和函数 sat(s)的具体表达式为

$$\text{sat}(s) = \begin{cases} 1 & s > \Delta \\ ks & |s| \leqslant \Delta; \quad k = \dfrac{1}{\Delta} \\ -1 & s < -\Delta \end{cases} \tag{3-77}$$

式中:Δ 称为边界层。饱和函数在边界层外实行切换控制,在边界层内实行线性化反馈控制。Δ 的值可根据仿真的效果不断调整,使得系统的切换函数在绝大部分时间都落在边界层内。

2)连续函数

采用继电特性进行连续化,用连续函数 $\theta(s)$取代 sgn(s):

$$\theta(s) = \frac{s}{|s| + \delta} \tag{3-78}$$

式中：δ 是很小的正常数。

其实这两种方法的思路大同小异，都是用一个连续函数近似代替符号函数 $\text{sgn}(s)$。都只有一个可调参数，分别是 Δ 和 δ。本书采用的是第一种方法，取 $\Delta = 20$。下面将结合微分器和准滑动模态来仿真，并验证思路的正确性。

3. 仿真结果分析

1）控制框图说明

系统的整个控制流程框图如图 3-36 所示。

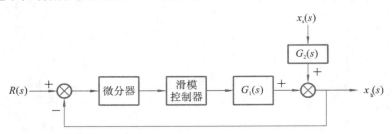

图 3-36　滑模控制系统的控制流程框图

图 3-36 中，$R(s)$ 指的是负载的目标位移，$x_h(s)$ 指的是负载的实际位移，$x_s(s)$ 指的是船舶的广义升沉位移，$G_1(s)$ 指的是比例阀对负载位移的作用的传递函数，$G_2(s)$ 指的是船舶的升沉位移对负载位移的作用的传递函数。系统把船舶升沉位移对负载位移的影响当作一个扰动，主回路采用滑模控制器。考虑到滑模控制器需要目标信号与反馈信号的各阶导数值，于是在滑模控制器前加入微分器。

需要说明的是，反馈信号 $x_h(s)$ 传输到微分器中，经过二阶微分器处理后，便可得到 $x_h(s)$、$\dot{x}_h(s)$、$\ddot{x}_h(s)$ 等的数值。由于指令信号的函数表达式一般是可提前预知的，因此其各阶导数也是可提前算得的，包括 $R(s)$、$\dot{R}(s)$、$\ddot{R}(s)$、$\dddot{R}(s)$，不需要利用微分器计算。故本系统采用二阶微分器即可。若指令信号的函数表达式是未知的，则可修改微分器的模型，将二阶微分器修改为三阶微分器。当然，微分器阶数越高，引入的误差越大，计算越复杂。

2）结果分析

利用 MATLAB 进行仿真，得到的结果如图 3-37 与图 3-38 所示。

如图 3-37 所示，负载的最大绝对位移为 0.1703 m，则此升沉补偿系统的补偿率为（$1 - 0.1703/2.05$）$\times 100\% = 91.7\%$，显然满足补偿率 90% 以上的要求。

另外，很重要的一点，在加入微分器和考虑准滑动模态后，滑模控制器的输出值相比之前变得更加平滑光顺，抖动情况基本消失了，并且补偿率仍然保持在 90% 以上。充分说明在加入了微分器和考虑准滑动模态后，系统的抖振现象得到了明显的改善。

另外，从理论上来说，这也是可理解的。因为这里的滑模控制器的输出 I 包括两个部分：I_1 和 I_2。其中：

$$I_1 = \left(\dddot{x}_d + \frac{k_3}{k_1}x_2 + \frac{k_2}{k_1}x_3 + c_1\ddot{e} + c_2\dot{e} \right) \cdot \frac{k_1}{k_4} \tag{3-79}$$

I_1 中包含速度项 x_2 和加速度项 x_3，速度项 x_2 和加速度项 x_3 可通过对位移项 x_1 进行微分求得，但是实际应用中完全意义上的微分器是不存在的，仅存在近似意义的微分器。经典微分器会把噪声信号放大 $1/\tau$ 倍，所以采用经典微分器求得的速度项 x_2 和加速度项 x_3 是剧烈抖动的，而速度项 x_2 和加速度项 x_3 的剧烈抖动会导致 I_1 的值剧烈抖动。当采用具

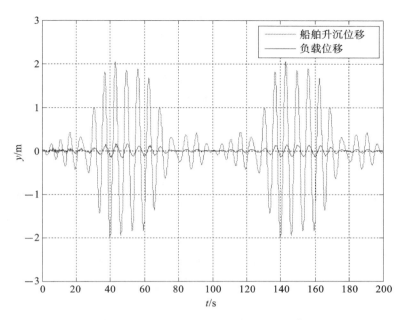

图 3-37　加入微分器和考虑准滑动模态后的负载实际位移

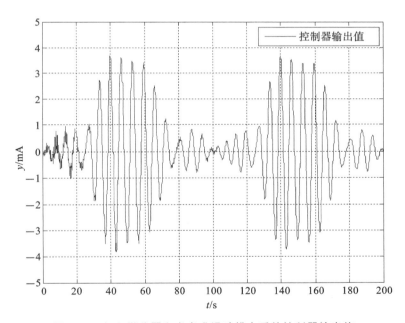

图 3-38　加入微分器和考虑准滑动模态后的控制器输出值

有滤波功能的微分器后,便消除了速度项 x_2 和加速度项 x_3 的剧烈抖动,从而使得 I_1 的值能平缓变化。

另外,I_2 的表达式为

$$I_2 = k_s s + \eta \cdot \text{sgn}(s), k_s > 0, \eta \geqslant |\Delta| \tag{3-80}$$

I_2 中包含了 k_s、s、η、$\text{sgn}(s)$项,k_s 和 η 是常数。

由于 $s = \ddot{e} + c_1 \dot{e} + c_2 e$,因此 s 也是一个连续函数。由于 $\text{sgn}(s)$ 不是连续函数,因此 I_2 也

不是连续函数,从而使得滑模控制器的输出中包含抖动。为了消除 I_2 中的抖动,需要把 $sgn(s)$ 变成一个既是连续函数,又能基本保持原性质不变的函数。饱和函数 $sat(s)$ 满足此要求,即把 I_2 的表达式变为 $I_2 = k_s s + \eta \cdot sat(s)$。

通过对常规的滑模控制器进行适当的调整,即加入微分器,且采用准滑动模态,使得滑模控制的抖振现象得到了很大的改善。对比调整前与调整后的滑模控制器的输出曲线,其充分证明了此调整方法的正确性与重要性。

3.6.3 滑模控制器的快速性分析

快速性对滑模控制器来说同样是一个很重要的指标,本小节将对滑模控制器进行快速性分析。与分析预测控制器的快速性类似,为分析滑模控制器的快速性,可暂时忽略外界输入的干扰,考察系统对阶跃输入的响应情况,然后考察负载位移值回到平衡点附近所需的上升时间 t_r、调整时间 t_s 等的大小。参考四级海况的实际扰动幅值,取阶跃的目标值为 2 m。

利用 MATLAB 进行仿真验证,得到的滑模控制器的阶跃响应结果如图 3-39 所示。

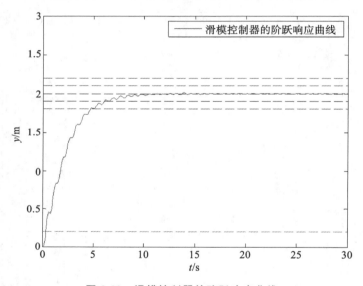

图 3-39　滑模控制器的阶跃响应曲线

从图 3-39 中采集数据可知:滑模控制器的上升时间 t_r 为 4.4 s,调整时间 t_s 为 6.1 s。综上,可认为滑模控制器具有优良的快速性,与预测控制器的表现接近。

3.6.4 滑模控制器鲁棒性的验证

同样,对升沉补偿系统来说,一个优良的控制算法除了应具有补偿率高且控制器输出较平缓等优点外,还必须具有一定的鲁棒性。因此需要对滑模控制器进行鲁棒性分析验证。

在滑模控制器中采用的负载质量计算值为 8 t,而仿真中的作用对象的负载质量取 1 t。利用 MATLAB 进行仿真,得到的仿真结果如图 3-40 与图 3-41 所示。

其中,负载位移的最大扰动值为 0.1724 m,补偿率为:$(1 - 0.1724/2.05) \times 100\% = 91.6\%$。分析图 3-40 与图 3-41,在考虑负载质量的变动后,系统的补偿率从 91.7% 变为 91.6%,升沉补偿系统的补偿率几乎没有发生变化。另外,控制器的输出曲线和之前的一样

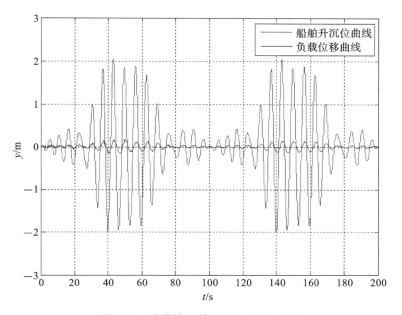

图 3-40　滑模控制效果($M_t = 1000$ kg)

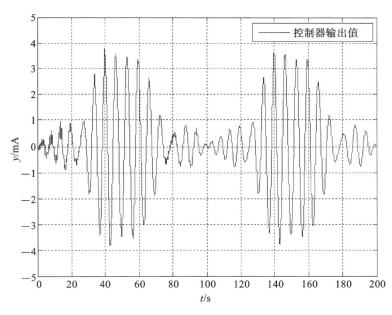

图 3-41　滑模控制的控制器输出曲线($M_t = 1000$ kg)

平缓,并没有加入抖振成分。可见,滑模控制器适用于参数可能会发生较大变化的系统,具有较强的鲁棒性。

第 4 章
水下航行器控制

4.1 水下航行器的数学模型

4.1.1 航行器数学模型

对于传统水下航行器，建立其数学模型时通常将航行器看作刚体，将流体的作用力看作外力，利用刚体的动量和动量矩定理建立其数学模型。本章也沿用这一思路，以装备有大惯量旋转装置的水下航行器为对象，讨论其控制。

对于装备有大惯量旋转装置的潜艇，其数学模型如下：

$$\begin{bmatrix} m-X_{\dot{u}} & 0 & 0 & 0 & 0 & 0 \\ 0 & m-Y_{\dot{v}} & 0 & -Y_{\dot{p}} & 0 & -Y_{\dot{r}} \\ 0 & 0 & m-Z_{\dot{w}} & 0 & -Z_{\dot{q}} & 0 \\ 0 & -K_{\dot{v}} & 0 & I_{xx}-K_{\dot{p}} & 0 & -K_{\dot{r}} \\ 0 & 0 & -M_{\dot{w}} & 0 & I_{yy}-M_{\dot{q}} & 0 \\ 0 & -N_{\dot{v}} & 0 & -N_{\dot{p}} & 0 & I_{zz}-N_{\dot{r}} \end{bmatrix} \begin{bmatrix} \dot{u} \\ \dot{v} \\ \dot{w} \\ \dot{p} \\ \dot{q} \\ \dot{r} \end{bmatrix}$$

$$\tag{4-1}$$

$$= \begin{bmatrix} f_u \\ f_v \\ f_w \\ f_p \\ f_q \\ f_r \end{bmatrix} + \begin{bmatrix} X_{\delta_b\delta_b} & X_{\delta_s\delta_s} & X_{\delta_r\delta_r} & 0 & 0 & 0 \\ & & & 0 & 0 & Y_{\delta_r} \\ & & & Z_{\delta_b} & Z_{\delta_s} & 0 \\ & 0 & & 0 & 0 & K_{\delta_r} \\ & & & M_{\delta_b} & M_{\delta_s} & 0 \\ & & & 0 & 0 & 0 \end{bmatrix} \begin{bmatrix} \delta_b^2 \\ \delta_s^2 \\ \delta_r^2 \\ \delta_b \\ \delta_s \\ \delta_r \end{bmatrix} + \begin{bmatrix} X_T \\ 0 \\ 0 \\ -I'_{1xx}\dot{\omega}_1 \\ -I'_{1yy}\omega_1 r \\ -I'_{1zz}\omega_1 q \end{bmatrix}$$

式中：δ_r、δ_b、δ_s 分别表示潜艇的方向舵角、艏升降舵角、艉升降舵角；X_T 表示螺旋桨产生的推力；$X_{(\cdot)}$、$Y_{(\cdot)}$、$Z_{(\cdot)}$、$K_{(\cdot)}$、$M_{(\cdot)}$、$N_{(\cdot)}$ 表示相应的水动力系数。

$$f_u = X_{qq}q^2 + X_{rr}r^2 + X_{rp}rp + (X_{vr}+m)vr + (X_{wq}-m)wq + X_{uu}u^2 + X_{vv}v^2$$

$$f_v = Y_{pq}pq + Y_v v + Y_{vw}vw + Y_{v|v|} v \sqrt{v^2+w^2}$$

$$+ (Y_r-mu)r + Y_p p + (Y_{wp}+m)wp + Y_{v|r|} \frac{v}{|v|} \sqrt{v^2+w^2} \mid r \mid$$

$$f_w = Z_{rr} r^2 + Z_{pr} pr + Z_0 u^2 + Z_w W + Y_{w|w|} w \sqrt{v^2 + w^2} + Z_{vv} v^2$$
$$+ (Z_q + mu)q + Z_{vr} vr + (Z_{vp} - m)vp + Z_{w|q|} \frac{w}{|w|} \sqrt{v^2 + w^2} |q|$$

$$f_p = K_{p|p|} p |p| + (K_{qr} + I_{yy} - I_{zz})qr + K_p p + K_v v + K_{vw} vw$$
$$+ K_{v|v|} v \sqrt{v^2 + w^2} - mgh \cos\theta \sin\varphi$$

$$f_q = M_{rr} r^2 + (M_{pr} + I_{zz} - I_{xx})pr + M_{vr} vr + M_{vp} vp + M_{w|q|} \frac{w}{|w|} \sqrt{v^2 + w^2} |q| + M_q q$$
$$+ M_0 u^2 + M_w w + M_{w|w|} w \sqrt{v^2 + w^2} + M_{vv} v^2 - mgh \sin\theta$$

$$f_r = (N_{pq} + I_{xx} - I_{yy})pq + N_p p + N_r r + N_{wp} wp + N_{|v|r} r \sqrt{v^2 + w^2}$$
$$+ N_v v + N_{vw} vw + N_{v|v|} v \sqrt{v^2 + w^2}$$

其中, θ 为纵倾角, φ 为横倾角。

对于内部装备控制力矩陀螺群 (CMGs) 的水下航行器, 其数学模型为

$$
\begin{bmatrix}
m - X_{\dot{u}} & 0 & 0 & 0 & 0 & 0 \\
0 & m - Y_{\dot{v}} & 0 & -Y_{\dot{p}} & 0 & -Y_{\dot{r}} \\
0 & 0 & m - Z_{\dot{w}} & 0 & -Z_{\dot{q}} & 0 \\
0 & -K_{\dot{v}} & 0 & I_{0xx} - K_{\dot{p}} & 0 & -K_{\dot{r}} \\
0 & 0 & -M_{\dot{w}} & 0 & I_{0yy} - M_{\dot{q}} & 0 \\
0 & -N_{\dot{v}} & 0 & -N_{\dot{p}} & 0 & I_{0zz} - N_{\dot{r}}
\end{bmatrix}
\begin{bmatrix}
\dot{u} \\ \dot{v} \\ \dot{w} \\ \dot{p} \\ \dot{q} \\ \dot{r}
\end{bmatrix}
$$

$$
= \begin{bmatrix} f_u \\ f_v \\ f_w \\ f_p \\ f_q \\ f_r \end{bmatrix}
+ \begin{bmatrix}
X_{\delta_b \delta_b} & X_{\delta_s \delta_s} & X_{\delta_r \delta_r} & 0 & 0 & 0 \\
 & & & 0 & 0 & Y_{\delta_r} \\
 & & Z_{\delta_b} & Z_{\delta_s} & 0 & \\
0 & & 0 & 0 & K_{\delta_r} & \\
 & & M_{\delta_b} & M_{\delta_s} & 0 & \\
 & & 0 & 0 & 0 &
\end{bmatrix}
\begin{bmatrix}
\delta_b^2 \\ \delta_s^2 \\ \delta_r^2 \\ \delta_b \\ \delta_s \\ \delta_r
\end{bmatrix}
+ \begin{bmatrix} X_T \\ 0 \\ 0 \\ T_1 \\ T_2 \\ T_3 \end{bmatrix}
$$

$$(4\text{-}2)$$

式中:

$$f_u = X_{u|u|} u |u| + X_{uq} wq + X_{qq} qq + X_{vr} vr$$

$$f_v = Y_{v|v|} v |v| + Y_{r|r|} r |r| + (Y_{ur} - m)ur + (Y_{wp} + m)wp + Y_{pq} pq + Y_{uv} uv$$

$$f_w = Z_{w|w|} w |w| + Z_{q|q|} q |q| + Z_{\dot{w}} \dot{w} + Z_{\dot{q}} \dot{q} + (Z_{uq} + m)uq$$
$$+ (Z_{vp} - m)vp + Z_{rp} rp + Z_{uw} uw$$

$$f_p = K_{p|p|} p |p| + (I_{0yy} - I_{0zz})qr - mgh \cos\theta \sin\varphi - J_0 (j_3 q - j_2 r)$$

$$f_q = M_{w|w|} w |w| + M_{q|q|} q |q| + M_{uq} uq + M_{vp} vp$$
$$+ (M_{rp} + I_{0zz} - I_{0xx})rp + M_{uw} uw + mg \sin\theta - J_0 (j_1 r - j_3 p)$$

$$f_r = N_{v|v|} v |v| + N_{r|r|} r |r| + N_{ur} ur + (I_{0xx} - I_{0yy})pq - J_0 (j_2 p - j_1 q)$$

其中, J_0 是 CMGs 中每个陀螺转子的角动量大小, j_1、j_2、j_3 计算公式为

$$j_1 = -\cos\beta \sin\delta_1 - \cos\delta_2 + \cos\beta \sin\delta_3 + \cos\delta_4$$

$$j_2 = \cos\delta_1 - \cos\beta \sin\delta_2 - \cos\delta_3 + \cos\beta \sin\delta_4$$

$$j_3 = \sin\beta \sin\delta_1 + \sin\beta \sin\delta_2 + \sin\beta \sin\delta_3 + \sin\beta \sin\delta_4$$

β 为 CMGs 中陀螺的安装倾角, δ_1、δ_2、δ_3、δ_4 分别为 4 个 CMG 的 4 个转子角动量轴线转动的角度。

4.1.2 模型处理

1. 模型处理

为了便于仿真分析,将水动力系数无因次化。考虑到舵角的二次项对潜艇运动的影响不大,将其略去。另外认为潜艇在操纵运动中速度不变,恒为 U,可以通过调整螺旋桨推力的大小来保证轴向速度 U 恒定。最后,可以得到如下的简化的方程:

$$
\begin{bmatrix}
m'-Y'_{\dot v} & 0 & -LY'_{\dot p} & 0 & -LY'_{\dot r} \\
0 & m'-Z'_{\dot w} & 0 & -LZ'_{\dot q} & 0 \\
-\frac{1}{L}K'_{\dot v} & 0 & I'_{xx}-K'_{\dot p} & 0 & -K'_{\dot r} \\
0 & -\frac{1}{L}M'_{\dot w} & 0 & I'_{yy}-M'_{\dot q} & 0 \\
-\frac{1}{L}N'_{\dot v} & 0 & -N'_{\dot p} & 0 & I'_{zz}-N'_{\dot r}
\end{bmatrix}
\begin{bmatrix}\dot v\\\dot w\\\dot p\\\dot q\\\dot r\end{bmatrix}
$$

$$
=\begin{bmatrix}f_v\\f_w\\f_p\\f_q\\f_r\end{bmatrix}+
\begin{bmatrix}
\frac{U^2}{L}Y'_{\delta_r} & 0 & 0 \\
0 & \frac{U^2}{L}Z'_{\delta_s} & \frac{U^2}{L}Y'_{\delta_b} \\
\frac{U^2}{L^2}K'_{\delta_r} & 0 & 0 \\
0 & \frac{U^2}{L^2}M'_{\delta_s} & \frac{U^2}{L^2}M'_{\delta_b} \\
\frac{U^2}{L^2}N'_{\delta_r} & 0 & 0
\end{bmatrix}
\begin{bmatrix}\delta_r\\\delta_s\\\delta_b\end{bmatrix}+
\begin{bmatrix}0\\0\\-I'_{1xx}\dot\omega_1\\-I'_{1yy}\omega_1 r\\I'_{1zz}\omega_1 q\end{bmatrix}
$$

(4-3)

式中:

$$
f_v=LY'_{pq}pq+\frac{1}{L}(Y'_v Uv+Y'_{vw}vw+Y'_{v|v|}v\sqrt{v^2+w^2})
$$
$$
+\left[(Y'_r-m')Ur+Y'_p Up+(Y'_{wp}+m')wp+Y'_{v|r|}\frac{v}{|v|}\sqrt{v^2+w^2}|r|\right]
$$
$$
f_w=L(Z'_{rr}r^2+Z'_{pr}pr)+\frac{1}{L}(Z'_0 U^2+Z'_w Uw+Y'_{w|w|}w\sqrt{v^2+w^2}+Z'_{vv}v^2)
$$
$$
+\left[(Z'_q+m')Uq+Z'_{vr}vr+(Z'_{vp}-m')vp+Z'_{w|q|}\frac{w}{|w|}\sqrt{v^2+w^2}|q|\right]
$$
$$
f_p=K'_{p|p|}p|p|+(K'_{qr}+I'_{yy}-I'_{zz})qr+\frac{1}{L}K'_p Up
$$
$$
+\frac{1}{L^2}(K'_v Uv+K'_{vw}vw+K'_{v|v|}v\sqrt{v^2+w^2})-\frac{1}{L^2}m'gh\cos\theta\sin\varphi
$$
$$
f_q=[M'_{rr}r^2+(M'_{pr}+I'_{zz}-I'_{xx})pr]
$$
$$
+\frac{1}{L}\left(M'_{vr}vr+M'_{vp}vp+M'_{w|q|}\frac{w}{|w|}\sqrt{v^2+w^2}|q|+M'_q Uq\right)
$$
$$
+\frac{1}{L^2}(M'_0 U^2+M'_w Uw+M'_{w|w|}w\sqrt{v^2+w^2}+M'_{vv}v^2)-\frac{1}{L^2}m'gh\sin\theta
$$

$$f_r = (N'_{pq} + I'_{xx} - I'_{yy})pq + \frac{1}{L}(N'_p Up + N'_r Ur + N'_{wp}wp + N'_{|v|r}r\sqrt{v^2+w^2})$$

$$+ \frac{1}{L^2}(N'_v Uv + N'_{vw}vw + N'_{|v|v}v\sqrt{v^2+w^2})$$

其中，L 为潜艇的长度，带撇的项为无因次水动力系数。

2. 转动体影响

由以上方程，可以看出：

（1）旋转装置加速度 $\dot{\omega}_1$ 的存在，会对潜艇产生一个附加的横倾力矩，力矩的大小同旋转装置的加速度大小成正比，方向同加速度的方向相反。显然，该附加力矩的存在会对潜艇的横摇产生影响。

（2）旋转装置的旋转速度 ω_1 和潜艇的转艏角速度 r 同时存在，会对潜艇产生一个附加的纵倾力矩，该附加力矩为 $\boldsymbol{\omega}_1 \times \boldsymbol{H}_{1x}$，该项实际上就是通常所说的陀螺力矩在 Y_b 轴上的一个分量。显然，由于该项的存在，潜艇在水平面做回转运动的同时旋转装置在转动，会对潜艇垂直面的运动产生影响。

（3）旋转装置的旋转速度 ω_1 和潜艇的纵倾角速度 q 同时存在，会对潜艇产生一个附加的转艏力矩，该附加力矩为 $\boldsymbol{\omega}_1 \times \boldsymbol{H}_{2y}$，该项实际上就是通常所说的陀螺力矩在 Z_b 轴上的一个分量。显然，由于该项的存在，潜艇在垂直面做纵倾运动的同时旋转装置在转动，会对潜艇水平面的运动产生影响。

让处于定深直航状态的潜艇上的旋转装置按三种方式转动，得到的仿真结果如图 4-1 所示；让做回转运动的潜艇上的旋转装置按三种方式转动，得到的仿真结果如图 4-2 所示；让在垂直面内做潜伏运动的潜艇上的旋转装置按三种方式转动，得到的仿真结果如图 4-3 所示。以下各图分别以不同线型代表旋转装置按方式一、方式二、方式三运动时潜艇的运动状态随时间的变化；点画线表示旋转装置不转动（即潜艇无陀螺效应影响）时潜艇的运动状态随时间的变化。

仿真所用的参数如下：$m_1 = 200000$ kg，$I_{1xx} = 5581572$ m^5，$I_{1yy} = I_{1zz} = 10390296$ m^5，旋转装置的质心与潜艇动坐标系原点的距离为 25 m。

观察图 4-1(a)、图 4-2(a)、图 4-3(a)，可以发现无论潜艇是做直线航行（不打舵）、回转运动（只打方向舵）还是在垂直面内做潜伏运动（只打升降舵），其横摇角都较大地受到陀螺效应的影响。旋转装置以方式一和方式二转动时，横摇角所受影响都比较大，而以方式三转动时，横摇角受到的影响较小，这说明横摇角是受旋转装置角加速度的影响的，并且旋转装置的加速度越大，加速度持续时间越长，横摇角受到的影响就越大，若再与陀螺效应引起的横摇叠加，引起的横摇将相当大（见图 4-2(a)）。即使是处于直线航行状态的潜艇，旋转装置以较小的加速度运动时，潜艇最大的横摇角也接近 5°（见图 4-1(a)），而 Batis 通过试验观察指出，对大部分船舶而言，横摇角达到 5° 就会中度影响船舶作业，使船员的操作能力下降。因此在潜艇操纵控制时，要充分考虑陀螺效应对潜艇横摇带来的影响。

观察图 4-1、图 4-2、图 4-3 中的(b)和(d)，发现潜艇处于直线航行状态时旋转装置的转动对其纵倾角和深度均有一定的影响；潜艇在垂直面做潜伏运动时，旋转装置的转动对其纵倾角和深度几乎无影响；而潜艇做回转运动时，旋转装置的转动对其纵倾角和深度的影响非常大。显然，当潜艇有回转角速度 r 时转动的旋转装置会对垂直面的运动状态（纵倾角、深度）产生影响。因此在潜艇做改变航向、回转等运动时可能会出现较大回转角速度 r，操纵时

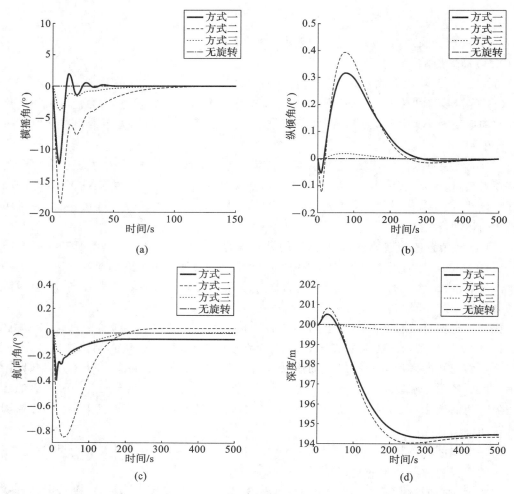

图 4-1 $U=18$ kn,$\delta_r=\delta_s=\delta_b=0$ 时不同陀螺效应作用下各状态量随时间的变化曲线

注:kn,节,船舶或飞机每小时航行的海里数,1 kn≈0.514 m/s。

需要考虑陀螺效应可能给纵倾角和深度带来的影响。

观察图 4-1(c)、图 4-2(c)、图 4-3(c),可以发现潜艇在垂直面内运动时其航向角受陀螺效应的影响最大,说明潜艇有纵倾角速度 q 时,转动的旋转装置会对水平面的运动状态(航向角)有陀螺效应的影响。图 4-1 显示直线航行状态下潜艇航向角也会受到陀螺效应的影响,这是由旋转装置的加速度导致的。因此,潜艇在做变深运动时,需要考虑陀螺效应给水平面的运动状态(航向)带来的影响。

通过以上的理论和仿真分析,可以得出以下结论:

(1)潜艇的横摇角受旋转装置加速度的影响,且影响较大,特别是潜艇以一定的方向、舵角做回转运动时,回转运动本身就会引起潜艇的横摇,若再与陀螺效应引起的横摇叠加,引起的横摇将相当大。

(2)对于具有自然稳定性的处于直线航行状态的潜艇,当其受到的陀螺效应的干扰消

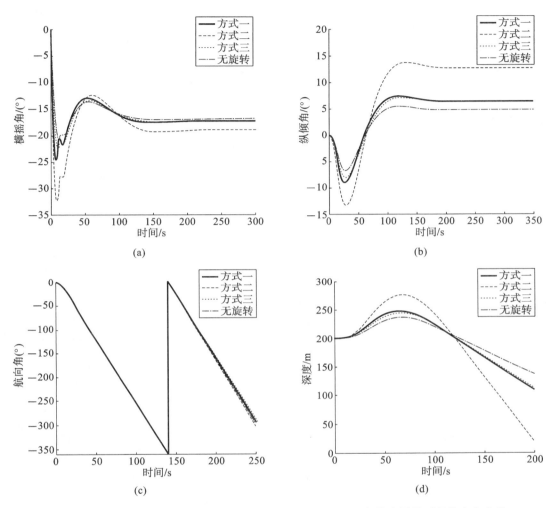

图 4-2 $U=18$ kn, $\delta_r=30°$, $\delta_s=\delta_b=0$ 时不同陀螺效应作用下各状态量随时间的变化曲线

失后,潜艇可能回到直线航行状态,但是航向会发生改变,深度也会改变。

（3）潜艇做回转运动时,旋转装置的转动对垂直面的运动有影响。

（4）潜艇做变深运动时,旋转装置对水平面的运动（航向角）有影响,另外潜艇的航向还受旋转装置加速度的影响。

（5）陀螺效应的存在加深了潜艇垂直面的运动与水平面的运动之间的耦合。

陀螺效应的存在会加深潜艇垂直面的运动与水平面的运动间的耦合,这一点对潜艇的操纵与控制是相当不利的。因为在设计潜艇的控制器时,一般采用分平面的设计方法,平面运动之间的耦合影响由控制器的鲁棒性控制,陀螺效应的存在加深了平面运动间的耦合,对控制器的鲁棒性提出了更高的要求。变结构控制具有较强的鲁棒性,本章也拟采用变结构控制来研究陀螺效应作用下潜艇的操纵与控制。

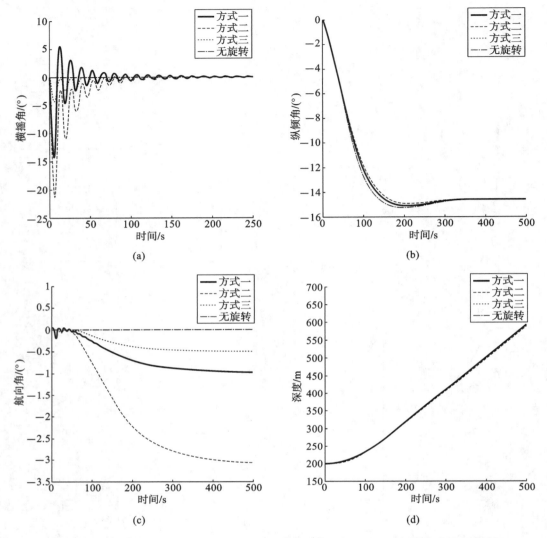

图 4-3 $U=8$ kn, $\delta_r=\delta_b=0$, $\delta_s=5°$时不同陀螺效应作用下各状态量随时间的变化曲线

4.2 潜艇的操纵与控制

4.2.1 水平面控制系统设计

将式(4-3)解耦,取水平面运动方程(偏航方程、航向方程、横摇方程),同时将各水动力系数数字化,得到水平面的方程如下:

$$\dot{v}=(-0.00171v+0.02622p-0.53258r)U-0.10499vw+1.31183wp$$

$$-0.66994pq+30.01570qr-0.01909v\sqrt{v^2+w^2}$$

$$-0.10065r\sqrt{v^2+w^2}-0.59152\frac{v}{|v|}\sqrt{v^2+w^2}\,|\,r\,|$$

$$\begin{aligned}
\dot{r} = &(-0.00044v + 0.00023p - 0.02415r)U + 0.00038vw + 0.00309wp \\
&- 0.90594pq + 0.16860qr + 0.00079v\sqrt{v^2+w^2} - 0.03379r\sqrt{v^2+w^2} \\
&- 0.00206\frac{v}{|v|}\sqrt{v^2+w^2}\,|\,r\,| + 0.00135p\,|\,p\,| + 0.00226\cos\theta\sin\varphi \\
&+ 0.00001w_1q + 0.00057\dot{w}_1 - 0.17157\times10^{-3}U^2\delta_r
\end{aligned}$$

$$\begin{aligned}
\dot{p} = &(0.11847r - 0.00361v - 0.03202p)U + 0.04108vw - 0.25354wp \\
&+ 0.74344pq + 15.5659qr - 0.00233v\sqrt{v^2+w^2} + 0.04223r\sqrt{v^2+w^2} \\
&+ 0.11478\frac{v}{|v|}\sqrt{v^2+w^2}\,|\,r\,| - 0.12453p\,|\,p\,| - 0.20861\cos\theta\sin\varphi \\
&+ 0.00002w_1q + 0.05228\dot{w}_1 + 0.13284\times10^{-3}U^2\delta_r
\end{aligned} \tag{4-4}$$

将式(4-4)纵平面运动参数以及陀螺效应当作扰动,同时考虑到横漂速度与转艏角速度间存在近似线性关系 $v = kUr$,并补充航向与转艏角速度的关系式 $\dot{\psi} = r$,得到用于航向控制律的综合方程:

$$\begin{cases} \dot{\psi} = r \\ \dot{r} = f(r) + \Delta F_1 + \Delta F_2 + b_r\delta_r \end{cases} \tag{4-5}$$

其中: $f(r) = (-0.00044kU - 0.02415U)r + (0.00079kU\,|\,kU\,| - 0.03379\,|\,kU\,| - 0.00206kU)r\,|\,r\,|$;$\Delta F_1$ 为横倾、纵平面运动的干扰;ΔF_2 为陀螺效应的干扰;b_r 为方向舵系数。

根据变结构控制理论,方程(4-5)具有变结构控制的不变性,即采用 $\dot{r} = f(r) + b_r\delta_r$ 设计变结构控制器即可,扰动量由控制器的鲁棒性来控制。

设 ψ_d 为给定的航向角,$e_\psi = \psi - \psi_d$ 为引入的航向角偏差变量。简单定义滑模面:

$$S = \dot{e}_\psi + \lambda e_\psi (\lambda > 0, \text{为滑模面切换常数}) \tag{4-6}$$

为了使趋近速度更快一些,选取指数趋近律:

$$\dot{S} = -a\,\mathrm{sgn}S - kS \tag{4-7}$$

增大 k、减小 a 可以加速收敛过程,减小抖动。为了进一步减小抖动,采用光滑函数法,即用 $\mathrm{sgn}(S/\varepsilon)$($\varepsilon$ 为小量正数)代替 $\mathrm{sgn}S$。

将式(4-6)代入式(4-7),不难导出用于控制航向的控制律:

$$\delta_r = [\ddot{\psi}_d - \lambda(\dot{\psi} - \dot{\psi}_d) - f_r - a\,\mathrm{sgn}(S/\varepsilon) - kS]/b_r \tag{4-8}$$

下面分别从滑动态和非滑动态两个方面对系统进行分析。

1) 滑动态分析

系统处于滑动态时,$|\,S\,| < \varepsilon$,由 $S = \dot{e}_\psi + \lambda e_\psi$ 可得 $\dot{e}_\psi = -\lambda e_\psi + S$,定义李雅普诺夫函数 $V = e_\psi^2/2$,则:

$$\dot{V} = e_\psi\dot{e}_\psi = e_\psi(-\lambda e_\psi + S) \leqslant -\lambda e_\psi^2 + |\,e_\psi\,||\,S\,| \leqslant -\lambda e_\psi^2 + |\,e_\psi\,|\varepsilon$$

当 $\varepsilon < |\,e_\psi\,|\lambda$,即 $|\,e_\psi\,| > \dfrac{\varepsilon}{\lambda}$ 时,$\dot{V} \leqslant -\lambda e_\psi^2 + |\,e_\psi\,|\varepsilon < 0$。

上面的推导说明处于滑动态的系统,其误差值最终会收敛至 $\left[-\dfrac{\varepsilon}{\lambda}, \dfrac{\varepsilon}{\lambda}\right]$ 区间中的某一值。显然 λ 越大,ε 越小,收敛的区间就越小,即系统的稳态误差越小。采用光滑函数法,可能会存在稳态误差,这是为了消除抖动而付出的代价。

2）非滑动态分析

定义李雅普诺夫函数 $V=S^2/2$，则：

$$\dot{V}=S\dot{S}=S(\ddot{e}_\psi+\lambda\dot{e}_\psi)=-S[\ddot{\psi}_d-\ddot{\psi}+\lambda(\dot{\psi}_d-\dot{\psi})]$$
$$=S[-a\,\mathrm{sgn}(S/\varepsilon)-kS+\Delta F_1+\Delta F_2]$$

当 $S>\varepsilon$ 时，要 $\dot{V}<0$，即：

$$-a\,\mathrm{sgn}(S/\varepsilon)-kS+\Delta F_1+\Delta F_2<-a-k\varepsilon+\Delta F_1+\Delta F_2<0$$
$$\Rightarrow a>k\varepsilon-(\Delta F_1+\Delta F_2)$$

当 $S<-\varepsilon$ 时，要 $\dot{V}<0$，即：

$$-a\,\mathrm{sgn}(S/\varepsilon)-kS+\Delta F_1+\Delta F_2>a+k\varepsilon-\Delta F_1-\Delta F_2>0$$
$$\Rightarrow a>-k\varepsilon+(\Delta F_1+\Delta F_2)$$

$$\left.\begin{array}{l}a>k\varepsilon-(\Delta F_1+\Delta F_2)\\a>-k\varepsilon+(\Delta F_1+\Delta F_2)\end{array}\right\}\Rightarrow a>|\Delta F_1+\Delta F_2-k\varepsilon|$$

即 $a>|\Delta F_1+\Delta F_2-k\varepsilon|$ 时，$\dot{V}<0$。

这说明按式（4-8）所取的控制律可使闭环系统渐进稳定。

通过对滑动态和非滑动态进行分析，可以看出当系统不处于滑动态时，采用上述控制律，选取合适的控制器参数，可以将系统吸引至滑模面上来；当系统吸引至滑模面后，其误差值最终会收敛至 $\left[-\dfrac{\varepsilon}{\lambda},\dfrac{\varepsilon}{\lambda}\right]$ 区间中的某一值。

4.2.2 垂直面控制系统设计

由于垂直面内的潜艇操纵机动，其纵倾角是受到限制的，并且状态参数的变化保证在线性范围内，因此采用线性方程对垂直面控制系统进行设计，非线性项、陀螺效应项都当成干扰量，造成的误差由控制器的鲁棒性来承担。将式（4-3）解耦，取垂直面运动方程（垂向方程、纵倾方程），并补充方程：$\dot{\theta}=q,\dot{\zeta}=w-U\theta$，同时将各水动力系数数字化，得到垂直面的线性运动方程如下：

$$\dot{X}=AX+B\delta+\Delta F_1+\Delta F_2 \tag{4-9}$$

式中：

$$A=\begin{bmatrix}0 & -U & 1 & 0\\0 & 0 & 0 & 1\\0 & 0.00216 & -0.00567U & 0.29258U\\0 & -0.00139 & 0.00020U & -0.02088U\end{bmatrix};$$

$$B=\begin{bmatrix}0\\0\\-2.18752\times10^{-3}U^2 & -1.27004\times10^{-3}U^2\\-0.15771\times10^{-3}U^2 & -0.03432\times10^{-3}U^2\end{bmatrix};\Delta F_1 为水平面项，非线性项造成的$$

水动干扰力（力矩）；ΔF_2 为陀螺效应造成的干扰力（力矩）。ΔF_1、ΔF_2 具有以下的形式：$\Delta F_1=\begin{bmatrix}0 & 0 & a & b\end{bmatrix}$，$\Delta F_2=\begin{bmatrix}0 & 0 & c & d\end{bmatrix}$（$a,b,c,d\in\mathbf{R}$）。显然 $\mathrm{rank}(B)=\mathrm{rank}(B,\Delta F_1)=\mathrm{rank}(B,\Delta F_2)$，因此方程（4-9）具有变结构控制不变性。即采用 $\dot{X}=AX+B\delta$ 设计变结构控制器即可，扰动量由控制器的鲁棒性来承担。

潜艇的垂直面运动主要包括定深和变深运动两种运动形式。定深控制是一种典型的调节问题,若采用变结构控制,控制方程为四维的,降维滑模运动为二维的。研究表明:在变深控制中,系统反馈不能出现深度误差信号,因为这将使舵始终保持最大舵角,从而使潜艇不可控。这样垂直面运动状态方程变为三维的,控制方程为二维的,滑模为一维的。为了保证能达到期望的深度,先设定期望纵倾角 θ_d,在潜艇运动至与指令深度还有一定距离(转换深度 H_d)时,将纵倾角归零。到达转换深度后,变深问题变为深度调节问题。

4.2.3 深度保持时控制器设计

采用 $\dot{\boldsymbol{X}} = \boldsymbol{AX} + \boldsymbol{B\delta}$ 设计变结构控制器,切换函数为

$$\boldsymbol{S} = \boldsymbol{CX} = \begin{bmatrix} -(\lambda_1 + \lambda_2) & 0 & 1 & 0 \\ \dfrac{-\lambda_1\lambda_2}{U} & 0 & 0 & 1 \end{bmatrix} \boldsymbol{X} \tag{4-10}$$

式中:λ_1、λ_2 为最终滑动模态极点,一般取为 -0.5 左右。

采用自由递阶的变结构控制,为了使趋近速度更快一些,选取指数趋近律:

$$\dot{\boldsymbol{S}} = -\boldsymbol{a}\mathrm{sgn}\boldsymbol{S} - \boldsymbol{kS} \tag{4-11}$$

式中:

$$\boldsymbol{a} = \mathrm{diag}\begin{bmatrix} a_1 & a_2 \end{bmatrix} (a_1, a_2 > 0)$$
$$\boldsymbol{k} = \mathrm{diag}\begin{bmatrix} k_1 & k_2 \end{bmatrix} (k_1, k_2 > 0)$$
$$\mathrm{sgn}\boldsymbol{S} = \begin{bmatrix} \mathrm{sgn}S_1 & \mathrm{sgn}S_2 \end{bmatrix}^{\mathrm{T}}\text{。}$$

由于采用了指数趋近律,可保证正常段的运动品质,同时削弱了抖动,为了进一步削弱抖动,采用光滑函数法,即用 $\mathrm{sgn}(\boldsymbol{S}/\varepsilon)$ 代替 $\mathrm{sgn}\boldsymbol{S}$。

将式(4-10)代入式(4-11),不难得出定深控制律:

$$\boldsymbol{\delta} = -(\boldsymbol{CB})^{-1}(\boldsymbol{CAX} + \boldsymbol{a}\mathrm{sgn}\boldsymbol{S} + \boldsymbol{kS}) \tag{4-12}$$

同样从滑动态和非滑动态两个方面对系统进行分析。

1. 滑动态分析

将式(4-9)以分块矩阵的形式重写:

$$\begin{bmatrix} \dot{\boldsymbol{X}}_1 \\ \dot{\boldsymbol{X}}_2 \end{bmatrix} = \begin{bmatrix} \boldsymbol{A}_{11} & \boldsymbol{A}_{12} \\ \boldsymbol{A}_{21} & \boldsymbol{A}_{22} \end{bmatrix} \begin{bmatrix} \boldsymbol{X}_1 \\ \boldsymbol{X}_2 \end{bmatrix} + \begin{bmatrix} \boldsymbol{0} \\ \boldsymbol{b} \end{bmatrix} \boldsymbol{\delta} + \begin{bmatrix} \boldsymbol{0} \\ \Delta \boldsymbol{F}_1' \end{bmatrix} + \begin{bmatrix} \boldsymbol{0} \\ \Delta \boldsymbol{F}_2' \end{bmatrix} \tag{4-13}$$

式中:$\boldsymbol{X}_1 = \begin{bmatrix} \theta & \zeta \end{bmatrix}^{\mathrm{T}}$;$\boldsymbol{X}_2 = \begin{bmatrix} w & q \end{bmatrix}^{\mathrm{T}}$。

定义以下范数:

$$\| (a_{ij}) \| = \max_i \sum_j |a_{ij}|$$

上述范数实际就是矩阵的行和范数,或者向量的 1 范数。

当系统处于滑动态时,$\|\boldsymbol{S}\| < \|\varepsilon\|$,有

$$\boldsymbol{CX} = \begin{bmatrix} \boldsymbol{C}_1 & \boldsymbol{I} \end{bmatrix} \begin{bmatrix} \boldsymbol{X}_1 & \boldsymbol{X}_2 \end{bmatrix}^{\mathrm{T}} = \boldsymbol{S}$$

将式(4-13)代入上式,得

$$\dot{\boldsymbol{X}}_1 = (\boldsymbol{A}_{11} - \boldsymbol{A}_{12}\boldsymbol{C}_1)\boldsymbol{X}_1 + \boldsymbol{A}_{12}\boldsymbol{S}$$

定义李雅普诺夫函数 $V = \boldsymbol{X}_1^{\mathrm{T}}\boldsymbol{X}_1/2$,则:

$$\dot{V} = \dot{\boldsymbol{X}}_1^{\mathrm{T}}\boldsymbol{X}_1 = \boldsymbol{X}_1^{\mathrm{T}}\dot{\boldsymbol{X}}_1 = \boldsymbol{X}_1^{\mathrm{T}}\left[(\boldsymbol{A}_{11} - \boldsymbol{A}_{12}\boldsymbol{C}_1)\boldsymbol{X}_1 + \boldsymbol{A}_{12}\boldsymbol{S} \right] = \boldsymbol{X}_1^{\mathrm{T}} \begin{bmatrix} \lambda_1 + \lambda_2 & -U \\ \dfrac{\lambda_1\lambda_2}{U} & 0 \end{bmatrix} \boldsymbol{X}_1 + \boldsymbol{X}_1^{\mathrm{T}}\boldsymbol{A}_{12}\boldsymbol{S}$$

要使得 $\dot{V}<0$，必要求：

$$\boldsymbol{X}_1^{\mathrm{T}}\boldsymbol{S}<\boldsymbol{X}_1^{\mathrm{T}}\begin{bmatrix} -(\lambda_1+\lambda_2) & U \\ \dfrac{-\lambda_1\lambda_2}{U} & 0 \end{bmatrix}\boldsymbol{X}_1 \quad (\boldsymbol{A}_{12}=\boldsymbol{I})$$

注意到：

$$\boldsymbol{X}_1^{\mathrm{T}}\boldsymbol{S}=\|\boldsymbol{X}_1^{\mathrm{T}}\boldsymbol{S}\|\leqslant\|\boldsymbol{X}_1^{\mathrm{T}}\|\ \|\boldsymbol{S}\|\leqslant\|\boldsymbol{X}_1^{\mathrm{T}}\|\ \|\varepsilon\|$$

当 $\|\boldsymbol{X}_1^{\mathrm{T}}\|\ \|\varepsilon\|<\boldsymbol{X}_1^{\mathrm{T}}\begin{bmatrix} -(\lambda_1+\lambda_2) & U \\ \dfrac{-\lambda_1\lambda_2}{U} & 0 \end{bmatrix}\boldsymbol{X}_1$，即 $\dfrac{\boldsymbol{X}_1^{\mathrm{T}}(-\boldsymbol{A}_{11}+\boldsymbol{A}_{12}\boldsymbol{C}_1)\boldsymbol{X}_1}{\|\boldsymbol{X}_1^{\mathrm{T}}\|}>\|\varepsilon\|$ 时，必有 $\dot{V}<0$。

这说明当系统处于滑动态时，系统的状态最终将收敛于某一范围。

2. 非滑动态分析

非滑动态时，$\|\boldsymbol{S}\|>\|\varepsilon\|$。定义李雅普诺夫函数 $V=\boldsymbol{S}^{\mathrm{T}}\boldsymbol{S}/2$，则：

$$\dot{V}=\boldsymbol{S}^{\mathrm{T}}\dot{\boldsymbol{S}}=\boldsymbol{S}^{\mathrm{T}}\boldsymbol{C}(\Delta\boldsymbol{F}_1+\Delta\boldsymbol{F}_2)-\sum_{i=1}^2 k_i S_i^2-\sum_{i=1}^2 a_i\,|\,S_i\,|$$

定义

$$k'=\min(k_1,k_2),a'=\min(a_1,a_2)$$

那么

$$\boldsymbol{S}^{\mathrm{T}}\boldsymbol{C}(\Delta\boldsymbol{F}_1+\Delta\boldsymbol{F}_2)-\sum_{i=1}^2 k_i S_i^2-\sum_{i=1}^2 a_i\,|\,S_i\,|$$
$$\leqslant\|\boldsymbol{S}\|\ \|\boldsymbol{C}(\Delta\boldsymbol{F}_1+\Delta\boldsymbol{F}_2)\|-k'\|\boldsymbol{S}^2\|-a'\|\boldsymbol{S}\|$$
$$\leqslant(\varepsilon_1+\varepsilon_2)\|\boldsymbol{C}\|\ \|\Delta\boldsymbol{F}_1+\Delta\boldsymbol{F}_2\|-k'(\varepsilon_1^2+\varepsilon_2^2)-a'(\varepsilon_1+\varepsilon_2)$$

显然，当 $(\varepsilon_1+\varepsilon_2)\|\boldsymbol{C}\|\ \|\Delta\boldsymbol{F}_1+\Delta\boldsymbol{F}_2\|-k'(\varepsilon_1^2+\varepsilon_2^2)-a'(\varepsilon_1+\varepsilon_2)<0$ 即 $a'>\|\boldsymbol{C}\|\ \|\Delta\boldsymbol{F}_1+\Delta\boldsymbol{F}_2\|-k'\dfrac{(\varepsilon_1^2+\varepsilon_2^2)}{\varepsilon_1+\varepsilon_2}$ 时，必有 $\dot{V}<0$。

通过对滑动态和非滑动态的分析，可以看出当系统不处于滑动态时，采用式(4-12)的控制律，选取合适的控制器参数，可以将系统吸引至滑模面上来；当系统吸引至滑模面后，系统的状态最终将收敛于某一范围。

4.2.4 深度改变时控制器设计

变深运动时控制器的设计思路同定深运动时控制器的设计思路一样，最终得到的变深控制律同式(4-12)，只不过控制器的参数不同，此时有

$$\boldsymbol{A}=\begin{bmatrix} 0 & 0 & 1 \\ 0.00216 & -0.00567U & 0.29258U \\ -0.00139 & 0.00020U & -0.02088U \end{bmatrix}$$

$$\boldsymbol{B}=\begin{bmatrix} 0 & 0 \\ -2.18752\times10^{-3}U^2 & -1.27004\times10^{-3}U^2 \\ -0.15771\times10^{-3}U^2 & -0.03432\times10^{-3}U^2 \end{bmatrix}$$

$$\boldsymbol{C}=\begin{bmatrix} -\lambda & 1 & 0 \\ 0 & 0 & 1 \end{bmatrix}$$

$$\boldsymbol{X}=\begin{bmatrix} \theta-\theta_{\mathrm{d}} & w & q \end{bmatrix}$$

式中：λ 为最终滑模态期望极点；θ_d 为设定纵倾角。变深运动情况下,当 $|\zeta - \zeta_d| > H_d$ 时按变深控制器进行控制,否则按定深控制器进行控制。

4.2.5 仿真算例

为了更好地检验陀螺效应作用下控制系统的性能,分别按定深直航、定深变向、变深直航这几种运动形式进行仿真。另外,依据潜艇操纵规范,方向舵角不得超过 $\pm 35°$,艏艉升降舵角均不得超过 $\pm 25°$。仿真所用的陀螺装置的参数及潜艇艇型参数、质量惯性力参数、水动力参数均同 4.1.2 节的仿真参数。

1. 定深直航

仿真速度 $U = 18$ kn,航向控制器参数设定为

$$[\alpha \quad \lambda \quad \varepsilon \quad k] = [0.00005 \quad 0.1 \quad 0.00035 \quad 0.8], \quad \psi_d = 0$$

定深控制器参数设定为

$$[\lambda_1 \quad \lambda_2 \quad \varepsilon] = [-0.525 \quad -0.527 \quad 0.00001]$$

$$\boldsymbol{a} = \mathrm{diag}[0.00001 \quad 0.00001], \quad \boldsymbol{b} = \mathrm{diag}[0.05 \quad 0.05]$$

旋转装置按以下方式运动：

$$\dot{\omega}_1 = \mathrm{e}^{-t/5}, \quad \omega_1 = 5 - 5\mathrm{e}^{-t/5}。$$

另外经仿真试验,可得线性关系：$v = -4.07Ur$;得到的仿真结果如图 4-4 所示。

图 4-4 各图中的虚线表示无陀螺效应时潜艇各状态量变化曲线,实线表示有陀螺效应时各状态量在控制作用下的变化曲线。另外,本仿真结果是在零升力零力矩情况下得出的。零升力零力矩情况下潜艇若不受陀螺效应干扰,即使不打舵也会处于平衡状态;但是如果受陀螺效应干扰,潜艇将会偏离原来的航向,由于陀螺效应力矩是时变的,很难通过移动平衡水柜来平衡掉,因此必须采取操舵措施。采取这里设计的操纵控制律,潜艇最后将会回到原来的航向,且深度和纵倾角都保持良好。

2. 定深变向

仿真速度 $U = 18$ kn,航向控制器参数设定为

$$[\alpha \quad \lambda \quad \varepsilon \quad k] = [0.00005 \quad 0.1 \quad 0.00035 \quad 0.8], \quad \psi_d = -0.87$$

无陀螺效应时定深控制器参数设定为

$$[\lambda_1 \quad \lambda_2 \quad \varepsilon] = [-0.525 \quad -0.527 \quad 0.00001]$$

$$\boldsymbol{a} = \mathrm{diag}[0.00001 \quad 0.00001], \quad \boldsymbol{b} = \mathrm{diag}[0.15 \quad 0.15]$$

有陀螺效应时定深控制器参数设定为

$$[\lambda_1 \quad \lambda_2 \quad \varepsilon] = [-0.525 \quad -0.527 \quad 0.00001]$$

$$\boldsymbol{a} = \mathrm{diag}[0.00001 \quad 0.00001], \quad \boldsymbol{b} = \mathrm{diag}[0.05 \quad 0.05]$$

旋转装置按以下方式运动：

$$\dot{\omega}_1 = \mathrm{e}^{-t/5}, \quad \omega_1 = 5 - 5\mathrm{e}^{-t/5}。$$

得到的仿真结果如图 4-5 所示。

图 4-5 各图中的虚线表示无陀螺效应时潜艇各状态量变化曲线,实线表示有陀螺效应时各状态量在控制作用下的变化曲线,图 4-5(a)中的点画线表示潜艇上的旋转装置按 $\dot{\omega}_1 = \frac{1}{2}\mathrm{e}^{-t/10}$,$\omega_1 = 5 - 5\mathrm{e}^{-t/10}$ 方式转动时横摇角随时间的变化曲线(即旋转装置的角加速度较大,而速度的峰值不变),图 4-5(d)中的点画线表示潜艇受陀螺效应作用但是深度控制器的参数

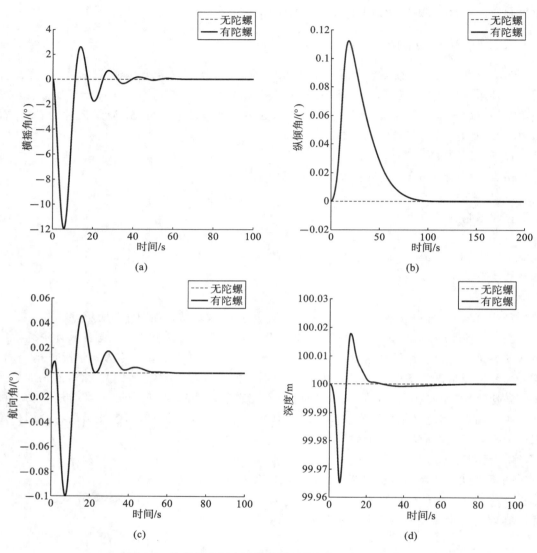

图 4-4　陀螺效应下定深直航控制量与状态量变化曲线

仍然按无陀螺效应的情况来取值（即操纵时无视陀螺效应的存在）所得的深度变化曲线。图4-5表明，潜艇航向最终无超调地到达指令航向，且深度保持良好，纵倾角也符合要求（小于7°），唯一不足的是横摇角比较大。特别是当旋转装置的角加速度比较大时，陀螺装置角加速度引起的横摇角和潜艇在变向时产生的横摇角叠加，加剧了潜艇的横摇。观察图 4-5(d)中的点画线，其超调量达到 2.5 m，而在潜艇的变深运动过程中，基本不允许超调。这说明陀螺效应作用下的潜艇在做变向定深运动时，若无视陀螺效应而采取操纵控制，可能会导致危险情况发生。

3. 变深直航

仿真速度 $U=18$ kn，转换深度 $H_d=3.4$ m，转换前的期望纵倾角 $\theta_d=4°$，初始深度 $\zeta_0=50$ m，期望到达深度 $\zeta_d=100$ m。最后得到的仿真结果如图 4-6 所示。

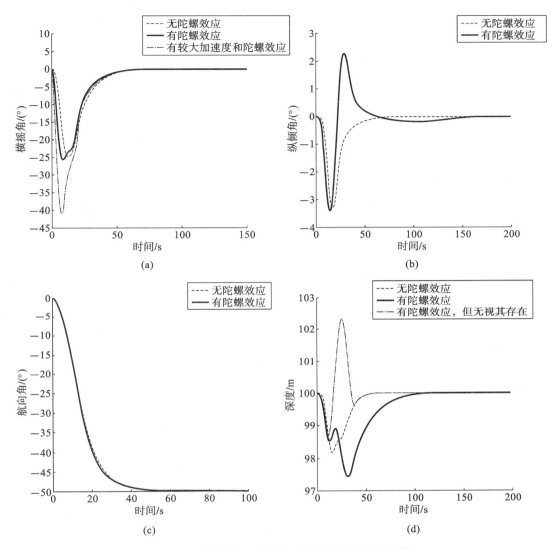

图 4-5　陀螺效应下定深变向潜艇状态量变化曲线

　　图 4-6 各图中的虚线表示无陀螺效应时潜艇各状态量变化曲线,实线表示有陀螺效应时各状态量在控制作用下的变化曲线,点画线表示旋转装置按角速度运动规律 $\dot{\omega}_1 = \mathrm{e}^{-t/25}$ 和角度运动规律 $\omega_1 = 25 - 25\mathrm{e}^{-t/25}$ 运动而控制律不变所得的航向角变化曲线。仿真表明潜艇最终无超调地达到期望深度且稳定在原来的航向,这说明控制效果良好。由上文的分析可知:潜艇在垂直面内做变深运动时,陀螺效应主要影响水平面的运动(航向)。但是图 4-6 所示的仿真算例表明,无论潜艇是否受陀螺效应干扰,采取相同的控制律(不改变控制器参数)航向角最终都能归零,即使将旋转装置的稳态角速度提高到 25 rad/s(见图 4-6(c)中点画线),采取相同的控制律,航向角最终也能归零,只是调整时间略长。而对于大惯量的旋转装置,25 rad/s 的旋转速度相对来说已相当高了,因此对于潜艇航向的操纵与控制,可以不必考虑陀螺效应的影响。

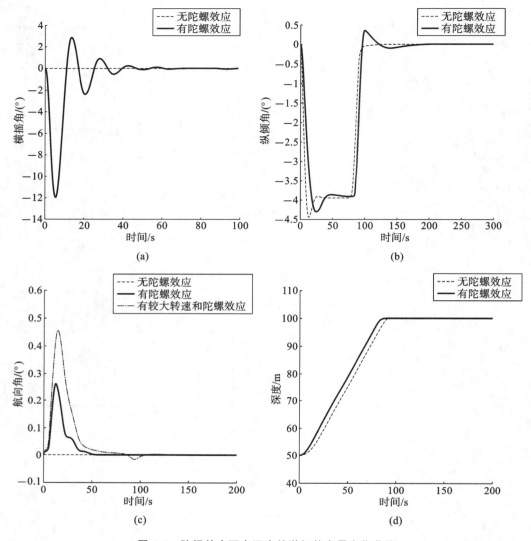

图 4-6　陀螺效应下变深直航潜艇状态量变化曲线

4.3　基于 CMGs 的水下航行器姿态控制

4.3.1　CMGs 原理

1. CMGs 力矩输出原理

如图 4-7 和图 4-8 所示,CMGs 由恒定高速转动的飞轮、支持飞轮的框架以及带动框架转动的伺服机构组成。飞轮在绕自身轴转动的同时,框架带动飞轮转动,迫使飞轮的旋转轴方向在空间发生改变,从而获得陀螺力矩,出现陀螺效应。从物理学的角度,飞轮角动量进动将产生陀螺反作用力矩(简称陀螺力矩)作用在框架基座上,陀螺力矩等于框架转速矢量与飞轮角动量矢量的叉积;从姿态动力学角度,动力装置角动量的进动会形成等效的内控制

力矩,数值上等于单位时间内角动量的变化率,方向沿角动量变化的负方向。即有

$$T_i = -\dot{T}_i = -\omega_i \times L_i = -(\dot{\delta}_i g_i) \times (J_0 h_i) \quad (4\text{-}14)$$
$$= J_0 \dot{\delta}_i h_i \times g_i = J_0 \dot{\delta}_i t_i$$

式中:J_0 为第 i 陀螺转子(飞轮)角动量的大小,这里取每个陀螺转子角动量的大小都相同,都为 J_0;$\dot{\delta}_i$ 为第 i 框架转动的角速度大小,改变其值的大小可以获得不同大小的输出力矩;h_i 为陀螺转子高速转动轴的转动矢量;g_i 为框架转动轴的方向。

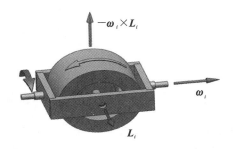

图 4-7　CMGs 力矩输出原理示意图

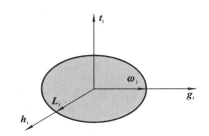

图 4-8　CMGs 子坐标系

显然 CMGs 产生的力矩只能分布在与框架轴 g_i 垂直的平面内,因此要使 CMGs 具有对航行器三轴的姿态控制能力,理论上需要 3 个 CMG 组成 CMGs。进一步,若要求 CMGs 有足够的三轴姿态控制能力,则需要有一定的冗余数量的 CMG。若 CMGs 包含的冗余的 CMG 数量越大,则其姿态控制能力越强。但是考虑到水下航行器空间宝贵,这里采用具有最小冗余系统的 CMGs,即由 4 个 CMG 组成的金字塔构型的 CMGs。

从上面的分析可以看出,将 CMGs 作为姿态控制执行机构,实际上就是利用陀螺效应(陀螺力矩),由于陀螺力矩的产生不需要跟流体相互接触,因此可以将 CMGs 内置于航行器内。

2. CMGs 力矩放大原理

CMGs 的输出力矩由式(4-14)给出,记该力矩为 T_{out}。输入力矩就是伺服机构转动框架所需要的力矩,记该力矩为 T_{in}。

输入力矩 T_{in} 包括两部分,第一部分是伺服机构改变框架的运动状态(即使框架加速或减速)所需要的力矩,第二部分是克服航行器本体转动的角速度 ω 导致陀螺转子角动量方向改变而产生的陀螺反作用力矩在框架轴向上的分量。一般框架角的加速度都不大,忽略掉第一部分力矩,有

$$T_{in} = -[(\omega \times L_i) \cdot g_i] g_i = -[(\omega \times J_0 h_i) \cdot g_i] g_i \quad (4\text{-}15)$$
$$= J_0 [(g_i \times h_i) \cdot \omega] g_i = J_0 (t_i \cdot \omega) g_i$$

定义输出力矩的大小除以输入力矩的大小为陀螺力矩的放大倍数,用 N 表示,有

$$N = \frac{J_0 \dot{\delta}_i}{J_0 (t_i \cdot \omega)} \geqslant \frac{\dot{\delta}_i}{\parallel \omega \parallel} \quad (4\text{-}16)$$

一般框架的角速度 $\dot{\delta}_i$ 大小远大于航行器的角速度大小,因此有 $N \gg 1$。式(4-16)阐述了 CMGs 的力矩放大原理。

正是由于 CMGs 具有力矩放大能力,能够在输入力矩较小的情况下而获得较大的输出力矩,因此 CMGs 具有较强的姿态控制能力,这对于提高航行器姿态运动的敏捷性和快速性大有裨益。

3. CMGs 奇异原理

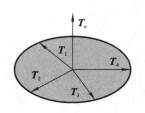

图 4-9　CMGs 奇异原理

由式(4-14)可知,第 i(这里 $i\in\{1,2,3,4\}$)个 CMG 产生的陀螺力矩的大小由框架的角速度 $\dot{\delta}_i$ 决定,力矩的方向由 $\boldsymbol{h}_i$ 和 $\boldsymbol{g}_i$ 共同决定。而 $\boldsymbol{h}_i$ 取决于框架的转角,$\boldsymbol{g}_i$ 取决于 CMGs 的安装构型。采用金字塔构型的 CMGs,各陀螺力矩不共线,但是可能会在同一个平面上,如图 4-9 所示。

如果此时期望的力矩 $\boldsymbol{T}_c$ 刚好垂直于该平面,那么无论 $\dot{\delta}_i$ 取多大,都不可能在期望的方向上输出力矩。此时 CMGs 丧失三维控制能力,称 CMGs 陷入框架构型奇异状态。

CMGs 实际输出的合力矩 $\boldsymbol{T}$ 可以表示为

$$\boldsymbol{T}=\begin{bmatrix}\boldsymbol{T}_1 & \boldsymbol{T}_2 & \boldsymbol{T}_3\end{bmatrix}^{\mathrm{T}}=-J_0\boldsymbol{C}(\boldsymbol{\delta})\dot{\boldsymbol{\delta}}=-J_0\begin{bmatrix}\boldsymbol{c}_1 & \boldsymbol{c}_2 & \boldsymbol{c}_3 & \boldsymbol{c}_4\end{bmatrix}\dot{\boldsymbol{\delta}}=-J_0\sum_{i=1}^{4}\boldsymbol{c}_i\dot{\delta}_i \tag{4-17}$$

式中:$\boldsymbol{c}_i$ 表示第 i 个 CMG 所产生的陀螺力矩的方向。Rank($\boldsymbol{C}$)=1,代表的物理意义是 4 个 CMG 所产生的陀螺力矩共线;Rank($\boldsymbol{C}$)=2,代表的物理意义是 4 个 CMG 所产生的陀螺力矩共面。由于 CMGs 采用金字塔构型,其产生的陀螺力矩不会共线,但是可能会在同一个平面上,因此有 2≤Rank($\boldsymbol{C}$)≤3。当 CMGs 非奇异时,$\boldsymbol{C}$ 满秩,否则 Rank($\boldsymbol{C}$)=2,$\boldsymbol{C}$ 的 4 个列向量线性相关,CMGs 陷入奇异。此时有

$$\boldsymbol{c}_i\cdot\boldsymbol{T}_c=0 \quad (i=1,2,3,4) \tag{4-18}$$

为了度量 CMGs 奇异的程度,定义奇异量度 D,表示为

$$D=\det(\boldsymbol{C}\boldsymbol{C}^{\mathrm{T}}) \tag{4-19}$$

D 越大,表示 CMGs 越远离奇异状态;D 越接近 0,表示 CMGs 越接近奇异状态。当系统陷入奇异时,显然 Rank($\boldsymbol{C}$)=2,即 $D=0$。

当 CMGs 陷入奇异时其就丧失了三维控制能力,会严重影响 CMGs 对航行器姿态的控制。奇异问题是影响 CMGs 应用的最主要问题。

4.3.2　CMGs 操纵律

CMGs 操纵律指的就是根据水下航行器姿态控制器给出的期望力矩和当前 CMGs 系统的框架角状态,合理地分配各个 CMGs 单元的框架角速度,使得整个 CMGs 系统在避免奇异的同时精确输出期望力矩。如何有效地避免奇异,是确定 CMGs 操纵律时需要重点考虑的问题。

随着人们对 CMGs 研究的深入,一些 CMGs 操纵律被相继提出来,根据人们对奇异问题处理方式的不同,这些操纵律大致可以分为两类,即奇异回避操纵律和奇异逃离操纵律。奇异回避操纵律的核心思想是设计一种操纵律,让 CMGs 系统尽可能地不陷入奇异状态,即考虑的是让 CMGs 如何回避奇异;奇异逃离操纵律的核心思想是当 CMGs 陷入奇异状态后,考虑采取怎样的补救措施,让 CMGs 系统尽快地逃离奇异状态。这两种方法各有利弊,前者可以很精确地输出力矩,但是一旦系统陷入奇异状态,该方法便束手无策;后者可以逃离奇异状态,但是在逃离奇异状态的过程中会产生误差,影响输出力矩的精确性。本小节根据前人已有的研究成果,介绍几种经典的操纵律,并分析它们的优缺点,最后结合水下航行器这一应用对象,设计一种混合的操纵律。

1. 基本操纵律

考虑 CMGs 的力矩方程：

$$\boldsymbol{C}(\boldsymbol{\delta})\dot{\boldsymbol{\delta}} = \begin{bmatrix} c_1 & c_2 & c_3 & c_4 \end{bmatrix}\begin{bmatrix} \dot{\delta}_1 & \dot{\delta}_2 & \dot{\delta}_3 & \dot{\delta}_4 \end{bmatrix}^{\mathrm{T}} = -\frac{1}{J_0}\boldsymbol{T}_{\mathrm{c}} \tag{4-20}$$

式中：$\boldsymbol{T}_{\mathrm{c}}$ 是 CMGs 期望的输出力矩，其值由姿态控制器给出。CMGs 操纵律就是已知 $\boldsymbol{T}_{\mathrm{c}}$，求 $\dot{\boldsymbol{\delta}}$。

显然 CMGs 有 4 个 CMG，而输出的力矩是三维的，存在一个冗余度，因此 CMGs 操纵律存在优化问题。根据最优控制理论，可以得到伪逆操纵律：

$$\dot{\boldsymbol{\delta}} = -\frac{1}{J_0}\boldsymbol{C}(\boldsymbol{\delta})^{\mathrm{T}}\big[\boldsymbol{C}(\boldsymbol{\delta})\boldsymbol{C}(\boldsymbol{\delta})^{\mathrm{T}}\big]^{-1}\boldsymbol{T}_{\mathrm{c}} \tag{4-21}$$

显然，当系统陷入奇异状态时，$\mathrm{Rank}(\boldsymbol{C})=2$，$\boldsymbol{C}(\boldsymbol{\delta})\boldsymbol{C}(\boldsymbol{\delta})^{\mathrm{T}}$ 的逆矩阵不存在，式(4-21)表示的操纵律无意义。伪逆操纵律由于满足了能量最优解，将促使 CMGs 朝着奇异的状态运动，因此伪逆操纵律不具有奇异避免能力，其应用很有限，但它是其他操纵律的基础，故在此将其作为一种基本操纵律，单独加以介绍。

2. 带零运动操纵律

由于 $\boldsymbol{C}(\boldsymbol{\delta})$ 与框架角有关，因此当 $\mathrm{Rank}(\boldsymbol{C})=2$（或者 D 接近 0）时可以通过调整框架角，使得 $\mathrm{Rank}(\boldsymbol{C})=3$（或者 D 远离 0），从而使系统避免奇异。若能保证框架角改变的同时不改变陀螺总的角动量，则输出力矩不会改变。带零运动操纵律的思想就是通过改变框架角使系统远离奇异的同时又不改变系统总的角动量。这种框架构型的调整称为空转。这样，框架的转速分为两个部分：

$$\dot{\boldsymbol{\delta}} = \dot{\boldsymbol{\delta}}_{\mathrm{T}} + \dot{\boldsymbol{\delta}}_{\mathrm{N}} \tag{4-22}$$

式中：$\dot{\boldsymbol{\delta}}_{\mathrm{T}}$ 表示输出力矩所需要的转速；$\dot{\boldsymbol{\delta}}_{\mathrm{N}}$ 表示空转的转速。它们满足下列方程式：

$$\boldsymbol{C}(\boldsymbol{\delta})\dot{\boldsymbol{\delta}}_{\mathrm{T}} = -\frac{1}{J_0}\boldsymbol{T}_{\mathrm{c}}, \quad \boldsymbol{C}(\boldsymbol{\delta})\dot{\boldsymbol{\delta}}_{\mathrm{N}} = 0 \tag{4-23}$$

按照线性代数理论，$\dot{\boldsymbol{\delta}}_{\mathrm{T}}$ 取式(4-21)所表示的伪逆操纵律，可以看作方程(4-20)的一个特解，$\dot{\boldsymbol{\delta}}_{\mathrm{N}}$ 则可以看作方程(4-20)对应齐次方程的通解。$\dot{\boldsymbol{\delta}}_{\mathrm{N}}$ 可以表示为

$$\dot{\boldsymbol{\delta}}_{\mathrm{N}} = a\big[\boldsymbol{E}_4 - \boldsymbol{C}^{\mathrm{T}}(\boldsymbol{C}\boldsymbol{C}^{\mathrm{T}})^{-1}\big]\boldsymbol{u} \tag{4-24}$$

式中：a 表示待定的零运动的幅值的大小；$\boldsymbol{E}_4$ 是 4×4 的单位矩阵；$\boldsymbol{u}$ 为待定的四维非零向量。显然，式(4-24)满足式(4-23)的第二式。

该操纵律的关键是选取合适的 a 和 $\boldsymbol{u}$。一般 a 的选取应遵循以下规律：当系统接近奇异面（即 D 的值接近 0）时，a 取较大值，以尽快逃离奇异；当系统远离奇异面（即 D 的值较大）时，系统不存在奇异问题，不需要空转，因此 a 取较小值。$\boldsymbol{u}$ 应该尽量使奇异量度 D 的增值为正。$\boldsymbol{u}$ 的一种取值为

$$\boldsymbol{u} = \frac{\partial D}{\partial \boldsymbol{\delta}} \tag{4-25}$$

带零运动操纵律是一种奇异回避操纵律，输出力矩精确、无误差。但是由于椭圆奇异面和双曲线奇异面的存在，CMGs 在某些状态下不存在零运动或者存在零运动但是零运动不能够改变雅可比矩阵的秩，此时带零运动操纵律失效。正是由于这一缺点，带零运动操纵律的应用受到了极大的限制。

3. 几种鲁棒伪逆操纵律

上面的优化解在 $D=0$ 时不存在，考虑以下优化问题，取目标函数：

$$J = \frac{1}{2} \int_0^{\infty} (\dot{\boldsymbol{\delta}}^{\mathrm{T}} \boldsymbol{V} \dot{\boldsymbol{\delta}} + \boldsymbol{T}_{\mathrm{e}}^{\mathrm{T}} \boldsymbol{W} \boldsymbol{T}_{\mathrm{e}}) \mathrm{d}t \tag{4-26}$$

式中：$\boldsymbol{V}$、$\boldsymbol{W}$ 都是对称的正定加权矩阵；$\boldsymbol{T}_{\mathrm{e}} = \boldsymbol{T}_{\mathrm{c}} - [-J_0 \boldsymbol{C}(\boldsymbol{\delta})\dot{\boldsymbol{\delta}}]$，表示 CMGs 实际输出力矩和期望输出力矩之间的误差。

该优化问题可以表述为：求 $\dot{\boldsymbol{\delta}}$ 的表达式，使得目标函数 J 取极小值。J 取极小值意味着能量最小和误差最小。该优化问题不强求实际输出力矩等于期望输出力矩，而是允许存在力矩误差，将误差当作优化指标。方程（4-20）的逆问题实际上修改成了无约束条件的优化问题。

根据最优控制理论，可以得到最优解：

$$\dot{\boldsymbol{\delta}} = -\frac{1}{J_0} \boldsymbol{A} \boldsymbol{C}^{\mathrm{T}} [\boldsymbol{C} \boldsymbol{A} \boldsymbol{C}^{\mathrm{T}} + \boldsymbol{B}]^{-1} \boldsymbol{T}_{\mathrm{c}} \tag{4-27}$$

式中：$\boldsymbol{A} = \boldsymbol{V}^{-1}$；$\boldsymbol{B} = \boldsymbol{W}^{-1}/J_0^2$。该式即为广义加权鲁棒伪逆操纵律。一种 $\boldsymbol{A}$ 和 $\boldsymbol{B}$ 的选取方法为

$$\boldsymbol{A} = \begin{bmatrix} w_1 & a & a & a \\ a & w_1 & a & a \\ a & a & w_1 & a \\ a & a & a & w_1 \end{bmatrix}, \quad \boldsymbol{B} = a \begin{bmatrix} 1 & \mu_3 & \mu_2 \\ \mu_3 & 1 & \mu_1 \\ \mu_2 & \mu_1 & 1 \end{bmatrix} \tag{4-28}$$

式中：$a = a_0 \exp[-k\det(\boldsymbol{C}\boldsymbol{C}^{\mathrm{T}})]$，是一个足够小的量；$\mu_i = \mu_0 \sin(\omega t + \varphi_i)(i=1,2,3)$，是小于 1 的周期扰动量。$a_0$、$k$、$\mu_0$、$\omega$、$\varphi_i$ 均为常量设计参数。

对于式（4-27），若取 $\boldsymbol{A} = \boldsymbol{I}_4$，便可得到广义鲁棒伪逆操纵律：

$$\dot{\boldsymbol{\delta}} = -\frac{1}{J_0} \boldsymbol{C}^{\mathrm{T}} [\boldsymbol{C} \boldsymbol{C}^{\mathrm{T}} + \boldsymbol{B}]^{-1} \boldsymbol{T}_{\mathrm{c}} \tag{4-29}$$

对于式（4-29），若进一步取 $\boldsymbol{B} = a\boldsymbol{I}_3$，便可得到鲁棒伪逆操纵律：

$$\dot{\boldsymbol{\delta}} = -\frac{1}{J_0} \boldsymbol{C}^{\mathrm{T}} [\boldsymbol{C} \boldsymbol{C}^{\mathrm{T}} + a\boldsymbol{I}_3]^{-1} \boldsymbol{T}_{\mathrm{c}} \tag{4-30}$$

通过奇异值分解可以证明上述几种鲁棒伪逆操纵律能够有效地逃离奇异，但是输出的力矩存在误差。特别的，广义鲁棒伪逆操纵律和鲁棒伪逆操纵律还会出现"框架锁死"现象。

Bie 正是看到广义鲁棒伪逆操纵律和鲁棒伪逆操纵律的这一缺点，提出了广义加权鲁棒伪逆操纵律。广义加权鲁棒伪逆操纵律通过添加非对角矩阵和周期的扰动信号，很好地避免了框架锁死现象，是一种很有效的鲁棒操纵律，其缺点是在逃离奇异状态的时候会带来较大的误差。

4. 混合操纵律

理想的操纵律应该既不存在奇异问题，输出的力矩又不存在误差。符合这一条件的有日本学者 Kuroawa 提出的角动量空间受限操纵律，Blair Thornton 在他的水下机器人"IKURA"上采用的正是这种操纵律。然而角动量空间受限操纵律只能利用角动量空间的 1/3，要输出与其他操纵律相等的力矩，需要更大的陀螺装置、更大的安装空间。由于水下航行器空间本来就宝贵，考虑到实用性，这里不采取这种操纵律。

总的来说，现有的操纵律种类虽然众多，但是大多或者不能有效回避奇异，或者在逃离

奇异时会带来较大的误差,或者计算极其复杂,不能保证实时运算。考虑到带零运动操纵律输出的力矩不存在误差,但是奇异规避能力较弱;而广义鲁棒伪逆操纵律有较强的奇异规避能力,但是输出力矩存在较大的误差,可将这两者的优点结合起来,整合成一种混合操纵律:

$$\dot{\boldsymbol{\delta}} = -\frac{1}{J_0}\boldsymbol{A}\boldsymbol{C}^{\mathrm{T}}[\boldsymbol{C}\boldsymbol{A}\boldsymbol{C}^{\mathrm{T}} + \boldsymbol{B}]^{-1}\boldsymbol{T}_{\mathrm{c}} + a[\boldsymbol{E}_4 - \boldsymbol{C}^{\mathrm{T}}(\boldsymbol{C}\boldsymbol{C}^{\mathrm{T}})^{-1}]\boldsymbol{u} \tag{4-31}$$

经过仿真整定,得到 a 的取值为

$$a = \begin{cases} 0, & D > 1 \\ 20(D-1)^2, & 0.5 \leqslant D \leqslant 1 \\ 5, & D < 0.5 \end{cases} \tag{4-32}$$

4.3.3　仿真算例

对整个大的姿态闭环回路进行联合仿真,以 REMUS100 小型水下机器人为例,进行仿真分析。仿真的结果分别如图 4-10 到图 4-15 所示。让航行器的重力和浮力平衡,同时将重心和浮心配置在同一位置。

CMGs 是由多个单框架陀螺构成的金字塔结构,CMGs 安装角为 $54.7°$,单个陀螺转子转动惯量为 $I_{ixx} = 7.66 \times 10^{-3}$ kg・m^2,$I_{iyy} = I_{izz} = 8.93 \times 10^{-3}$ kg・m^2($i=1,2,3,4$),单个陀螺转子的角动量为 20 N・ms,CMGs 框架的初始安装角为 $\boldsymbol{\delta} = [0 \quad 0 \quad 0 \quad 0]^{\mathrm{T}}$ rad,每个陀螺转子的恒定角速度约为 $\omega_i = 25000$ rad/min,框架角速度限制为 $\dot{\boldsymbol{\delta}}_{\max} = [3 \quad 3 \quad 3 \quad 3]^{\mathrm{T}}$ rad/s。

直流伺服电动机选用科尔摩根公司的 QT-7602 型直流力矩电动机,电动机参数为:$k_{\mathrm{t}} = 0.697$ N・m/A,$k_{\mathrm{e}} = 0.697$ V/(rad・s^{-1}),$R = 1.02$ Ω,$L = 0.593 \times 10^{-3}$ H。

姿态控制器选用 PD 控制律,姿态控制器的参数为:$k = 0.5$,$\boldsymbol{D} = \mathrm{diag}(0.40, 0.22, 0.28)$;CMGs 操纵律由式(4-31)给出,其中:

$$\boldsymbol{A} = \begin{bmatrix} 1 & a & a & a \\ a & 1 & a & a \\ a & a & 0.01 & a \\ a & a & a & 1 \end{bmatrix}, \quad \boldsymbol{B} = a\begin{bmatrix} 1 & \mu_3 & \mu_2 \\ \mu_3 & 1 & \mu_1 \\ \mu_2 & \mu_1 & 1 \end{bmatrix}$$

$a = 0.01\mathrm{e}^{-10\times\det(\boldsymbol{\alpha}\boldsymbol{\alpha}^{\mathrm{T}})}$,$\mu_1 = 0.01\sin\left(\frac{\pi}{2}t\right)$,$\mu_2 = 0.01\sin\left(\frac{\pi}{2}t + \frac{\pi}{2}\right)$,$\mu_3 = 0.01\sin\left(\frac{\pi}{2}t + \pi\right)$

图 4-10 至图 4-12 的初始条件取:$\boldsymbol{\chi}_1 = [0 \quad 0 \quad 50]^{\mathrm{T}}$,$\boldsymbol{q} = [0 \quad 0 \quad 0 \quad 1]^{\mathrm{T}}$,$\boldsymbol{v} = [0 \quad 0 \quad 0 \quad 0 \quad 0 \quad 0]^{\mathrm{T}}$,其中 $\boldsymbol{\chi}_1$ 表示初始位置。姿态控制目标(即期望姿态角)为:$\boldsymbol{\chi}_{2\mathrm{d}} = [\varphi_{\mathrm{d}} \quad \theta_{\mathrm{d}} \quad \psi_{\mathrm{d}}]^{\mathrm{T}} = [30° \quad 45° \quad 100°]^{\mathrm{T}}$。

图 4-13 至图 4-15 的初始条件取:$\boldsymbol{\chi}_1 = [0 \quad 0 \quad 50]^{\mathrm{T}}$,$\boldsymbol{q} = [0 \quad 0 \quad 0 \quad 1]^{\mathrm{T}}$,$\boldsymbol{v} = [0.3 \quad 0 \quad 0 \quad 0 \quad 0 \quad 0]^{\mathrm{T}}$。姿态控制目标(即期望姿态角)为:$\boldsymbol{\chi}_{2\mathrm{d}} = [\varphi_{\mathrm{d}} \quad \theta_{\mathrm{d}} \quad \psi_{\mathrm{d}}]^{\mathrm{T}} = [0° \quad -90° \quad 0°]^{\mathrm{T}}$。

观察图 4-10 和图 4-13 可知,航行器的姿态角均无超调地到达期望值,且无稳态误差;四元数曲线平滑,且满足 $\zeta_1^2 + \zeta_2^2 + \zeta_3^2 + \eta^2 = 1$。仿真结果表明,以 CMGs 作为执行机构去控制航行器的姿态具有可行性。值得指出的是,图 4-10 所示的航行器是在零速状态下进行机动的,这说明基于 CMGs 的水下航行器在零动量状态下可进行姿态机动。

观察图 4-11 发现,航行器在零速状态下进行姿态机动时,其质心位置的横向位移不超过 0.3 m,垂向位移不超过 0.08 m,这说明质心的位置几乎保持不变,即航行器的回转半径基本为 0。

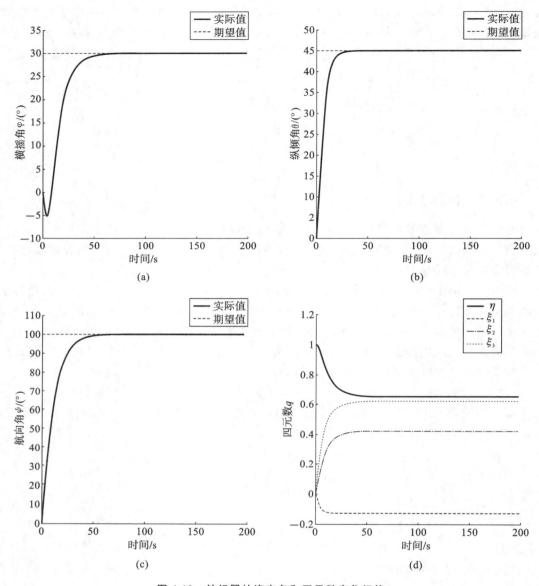

图 4-10　航行器的姿态角和四元数变化规律

　　观察图 4-13(b)，发现航行器的纵倾角在控制器的作用下可以达到－90°，并保持。图 4-14(b)表明航行器最终垂直于水平面向更深的海域驶去，即纵倾角为－90°。若采用欧拉姿态角来建立运动学方程，当纵倾角为－90°时，姿态变换矩阵陷入奇异，不能描述航行器的运动。而这里采用四元数建立运动学方程，纵倾角可以达到并保持－90°，这说明采用四元数建立运动学方程可以避免奇异。考虑到基于 CMGs 的水下航行器能够大姿态角机动，采用四元数来建立运动学方程是合适的。

　　观察图 4-12 和图 4-15，各个框架角曲线变化平滑，这说明这里采用的控制方法有效。

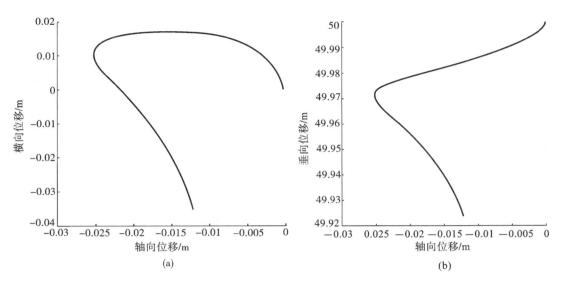

图 4-11　航行器质心处的运动轨迹

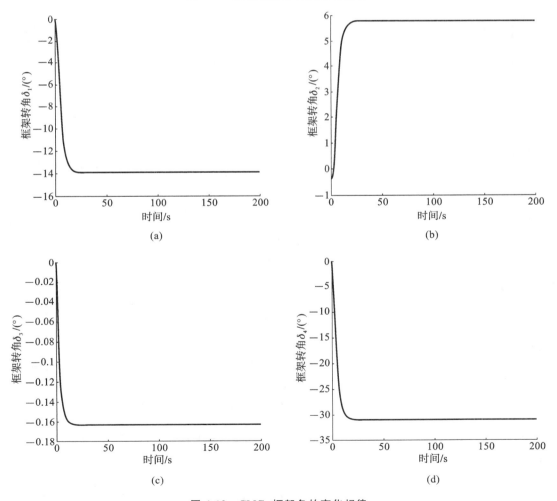

图 4-12　CMGs 框架角的变化规律

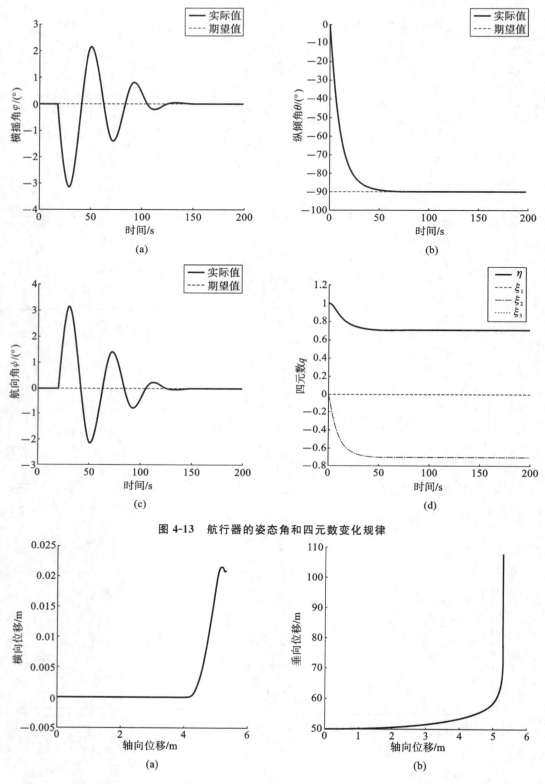

图 4-13　航行器的姿态角和四元数变化规律

图 4-14　航行器质心处的运动轨迹

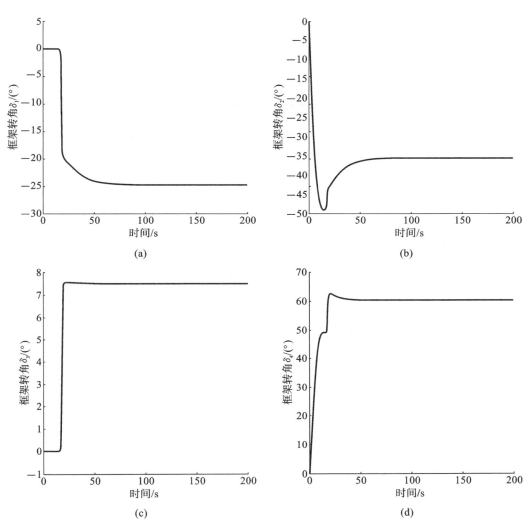

图 4-15　CMGs 框架角的变化规律

第 5 章
水下机械臂作业控制

5.1 机械臂动力学建模

5.1.1 拉格朗日动力学建模的一般步骤

相对于牛顿-欧拉方程,拉格朗日动力学方程优点在于只需求速度而不必求各连杆内作用力。

拉格朗日函数是系统动能 K 和位能 P 之差,即 $L=K-P$,其中 K 和 P 可用任何方便的坐标系表示,系统动力学方程即拉格朗日方程如下:

$$F_i = \frac{\mathrm{d}}{\mathrm{d}t} \frac{\partial L}{\partial \dot{q}_i} - \frac{\partial L}{\partial q_i}, i = 1, 2, \cdots, n \tag{5-1}$$

式中:q_i 为表示动能和位能的坐标(广义坐标);$\dot{q}_i$ 为相应速度;而 F_i 为作用在第 i 个坐标上的力或力矩。F_i 是力还是力矩,由 q_i 为直线坐标还是角坐标决定。这些力、力矩、坐标被称为广义力、广义力矩、广义坐标。

分析由一组变换矩阵 A 描述的机械臂,求出其动力学方程,推导过程分为五步:
(1)计算任一连杆上任一点的速度;
(2)计算各连杆的动能和机械臂的总动能 K;
(3)计算各连杆的位能和机械臂的总位能 P;
(4)建立机械臂系统的拉格朗日函数 $L=K-P$;
(5)对拉格朗日函数求导,得到动力学方程。

5.1.2 坐标系

所采用的六自由度水下机械臂三维模型如图 5-1 所示。使用 D-H 方法来描述该结构,对于每一个连杆分别定义了 4 个量,包括关节变量 θ_i 和另外 3 个连杆参数 α_{i-1}、a_{i-1}、d_i($i=1$ ~6)。其中,α_{i-1} 为连杆扭角,a_{i-1} 为连杆长度,d_i 为两连杆距离,θ_i 为两连杆夹角。所建立的机械臂坐标系如图 5-2 所示,相应的连杆参数如表 5-1 所示。

图 5-1　机械臂三维模型

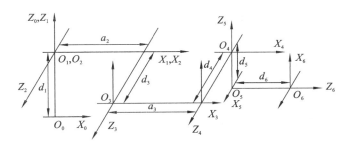

图 5-2　连杆坐标系

表 5-1　六自由度机械臂连杆参数

连杆 i	连杆扭角 $\alpha_{i-1}/(°)$	连杆长度 a_{i-1}/m	两连杆距离 d_i/m	两连杆夹角 $\theta_i/(°)$
1	0	0	$d_1(1.195)$	θ_1
2	90	0	0	θ_2
3	0	$a_2(5)$	$d_3(0.7)$	θ_3
4	0	$a_3(6.4)$	$d_4(-0.7)$	θ_4
5	−90	0	$d_5(-0.995)$	$\theta_5(90)$
6	−90	0	$d_6(0.72)$	$\theta_6(-90)$

5.1.3　动力学方程

六自由度水下机械臂的动力学方程可表示为

$$M(q)\ddot{q} + C(q,\dot{q})\dot{q} + G(q) + B(q) + \tau_\text{h} + \tau_\text{d} = \tau \tag{5-2}$$

式中：q、$\dot{q}$ 和 $\ddot{q} \in \mathbf{R}^{6\times1}$，分别表示关节位置矢量、关节速度矢量和关节加速度矢量；$M(q) \in \mathbf{R}^{6\times6}$，为惯性矩阵；$C(q,\dot{q}) \in \mathbf{R}^{6\times6}$，为科氏力和离心力矩阵；$G(q)$、$B(q) \in \mathbf{R}^{6\times1}$，为重力矢量和浮力矢量；$\tau_\text{h} \in \mathbf{R}^{6\times1}$，表示水动力力矩矢量，它包括由流体加速度力、水阻力和附加质量力引起的力矩矢量；$\tau_\text{d} \in \mathbf{R}^{6\times1}$，为未知干扰力矩；$\tau$ 为关节输入力矩。

对任意连杆 i 上的一点，其位置为

$$^{o}r = T_i{}^{i}r \tag{5-3}$$

连杆 i 上任一点 $^{i}r_p$ 速度为

$$v = \frac{\mathrm{d}r}{\mathrm{d}t} = \left(\sum_{j=1}^{i}\frac{\partial T_i}{\partial q_j}\dot{q}_j\right){}^{i}r_p \tag{5-4}$$

速度平方为

$$\boldsymbol{v}^2 = \mathrm{tr}\Big[\sum_{j=1}^{i}\sum_{k=1}^{i}\frac{\partial \boldsymbol{T}_i}{\partial q_j}\,{}^i\boldsymbol{r}\,{}^i\boldsymbol{r}^{\mathrm{T}}\Big(\frac{\partial \boldsymbol{T}_i}{\partial q_k}\Big)^{\mathrm{T}}\dot{q}_j\dot{q}_k\Big]\tag{5-5}$$

$\mathrm{tr}(\cdot)$ 为矩阵的迹,对 n 阶方阵,其迹表示主对角线上各元素之和。

令连杆 i 上任一质点 p 的质量为 $\mathrm{d}m$,其动能为

$$\begin{aligned}\mathrm{d}K_i &= \frac{1}{2}\boldsymbol{v}_p^2\,\mathrm{d}m = \frac{1}{2}\mathrm{tr}\Big[\sum_{j=1}^{i}\sum_{k=1}^{i}\frac{\partial \boldsymbol{T}_i}{\partial q_j}\,{}^i\boldsymbol{r}\,{}^i\boldsymbol{r}^{\mathrm{T}}\Big(\frac{\partial \boldsymbol{T}_i}{\partial q_k}\Big)^{\mathrm{T}}\dot{q}_j\dot{q}_k\Big]\mathrm{d}m\\ &= \frac{1}{2}\mathrm{tr}\Big[\sum_{j=1}^{i}\sum_{k=1}^{i}\frac{\partial \boldsymbol{T}_i}{\partial q_j}({}^i\boldsymbol{r}\,\mathrm{d}m\,{}^i\boldsymbol{r}^{\mathrm{T}})\Big(\frac{\partial \boldsymbol{T}_i}{\partial q_k}\Big)^{\mathrm{T}}\dot{q}_j\dot{q}_k\Big]\end{aligned}\tag{5-6}$$

对连杆 i 积分,得连杆 i 动能为

$$K_i = \int_{i=3}\mathrm{d}K_3 = \frac{1}{2}\mathrm{tr}\Big[\sum_{j=1}^{i}\sum_{k=1}^{i}\frac{\partial \boldsymbol{T}_i}{\partial q_j}\Big(\int_{i=3}{}^i\boldsymbol{r}\,{}^i\boldsymbol{r}^{\mathrm{T}}\mathrm{d}m\Big)\Big(\frac{\partial \boldsymbol{T}_i}{\partial q_k}\Big)^{\mathrm{T}}\dot{q}_j\dot{q}_k\Big]$$

$$ {}^i\boldsymbol{r}\,{}^i\boldsymbol{r}^{\mathrm{T}} = \begin{bmatrix} x^2 & xy & xz & x \\ xy & y^2 & yz & y \\ xz & yz & z^2 & z \\ x & y & z & 1 \end{bmatrix}\tag{5-7}$$

其中,积分 $\int {}^i\boldsymbol{r}\,{}^i\boldsymbol{r}^{\mathrm{T}}\mathrm{d}m$ 称为连杆的伪惯量矩阵,记为

$$\boldsymbol{I}_i = \int_i {}^i\boldsymbol{r}\,{}^i\boldsymbol{r}^{\mathrm{T}}\mathrm{d}m$$

$$= \begin{bmatrix} \int_i {}^i x^2\,\mathrm{d}m & \int_i {}^i x\,{}^i y\,\mathrm{d}m & \int_i {}^i x\,{}^i z\,\mathrm{d}m & \int_i {}^i x\,\mathrm{d}m \\ \int_i {}^i x\,{}^i y\,\mathrm{d}m & \int_i {}^i y^2\,\mathrm{d}m & \int_i {}^i y\,{}^i z\,\mathrm{d}m & \int_i {}^i y\,\mathrm{d}m \\ \int_i {}^i x\,{}^i z\,\mathrm{d}m & \int_i {}^i y\,{}^i z\,\mathrm{d}m & \int_i {}^i z^2\,\mathrm{d}m & \int_i {}^i z\,\mathrm{d}m \\ \int_i {}^i x\,\mathrm{d}m & \int_i {}^i y\,\mathrm{d}m & \int_i {}^i z\,\mathrm{d}m & \int_i {}^i\mathrm{d}m \end{bmatrix}\tag{5-8}$$

由理论力学或物理学知识可知,物体转动惯量(惯量矩)矢量积(惯量积)以及一阶矩量为

$$I_{xx} = \int(y^2 + z^2)\,\mathrm{d}m, \quad I_{yy} = \int(x^2 + z^2)\,\mathrm{d}m,$$

$$I_{zz} = \int(x^2 + y^2)\,\mathrm{d}m, \quad I_{xy} = I_{yx} = \int xy\,\mathrm{d}m$$

$$I_{xz} = I_{zx} = \int xz\,\mathrm{d}m, \quad I_{yz} = I_{zy} = \int yz\,\mathrm{d}m,$$

$$mx = \int x\,\mathrm{d}m, \quad my = \int y\,\mathrm{d}m, \quad mz = \int z\,\mathrm{d}m$$

如果令:

$$\int x^2\,\mathrm{d}m = -\frac{1}{2}\int(y^2 + z^2)\,\mathrm{d}m + \frac{1}{2}\int(x^2 + z^2)\,\mathrm{d}m + \frac{1}{2}\int(x^2 + y^2)\,\mathrm{d}m$$

$$= (-I_{xx} + I_{yy} + I_{zz})/2$$

$$\int y^2 \,\mathrm{d}m = \frac{1}{2}\int(y^2 + z^2)\,\mathrm{d}m - \frac{1}{2}\int(x^2 + z^2)\,\mathrm{d}m + \frac{1}{2}\int(x^2 + y^2)\,\mathrm{d}m$$

$$= (I_{xx} - I_{yy} + I_{zz})/2$$

$$\int z^2 \,\mathrm{d}m = \frac{1}{2}\int(y^2 + z^2)\,\mathrm{d}m + \frac{1}{2}\int(x^2 + z^2)\,\mathrm{d}m - \frac{1}{2}\int(x^2 + y^2)\,\mathrm{d}m$$

$$= (I_{xx} + I_{yy} - I_{zz})/2$$

惯性矩阵(惯性张量)为 $\begin{bmatrix} I_{xx} & I_{xy} & I_{xz} \\ I_{yx} & I_{yy} & I_{yz} \\ I_{zx} & I_{zy} & I_{zz} \end{bmatrix}$。

于是 $\boldsymbol{I}_i$ 可表示为

$$\boldsymbol{I}_i = \begin{bmatrix} \dfrac{-I_{ixx} + I_{iyy} + I_{izz}}{2} & I_{ixy} & I_{ixz} & m_i\bar{x}_i \\[2ex] I_{ixy} & \dfrac{I_{ixx} - I_{iyy} + I_{izz}}{2} & I_{iyz} & m_i\bar{y}_i \\[2ex] I_{ixz} & I_{iyz} & \dfrac{I_{ixx} + I_{iyy} - I_{izz}}{2} & m_i\bar{z}_i \\[2ex] m_i\bar{x}_i & m_i\bar{y}_i & m_i\bar{z}_i & m_i \end{bmatrix} \tag{5-9}$$

有 n 个连杆的机械臂总动能为

$$K = \sum_{i=1}^{n} K_i = \frac{1}{2}\sum_{i=1}^{n}\mathrm{tr}\left[\sum_{j=1}^{i}\sum_{k=1}^{i}\frac{\partial \boldsymbol{T}_i}{\partial q_j}\boldsymbol{I}_i\left(\frac{\partial \boldsymbol{T}_i}{\partial q_k}\right)^{\mathrm{T}}\dot{q}_j\dot{q}_k\right] \tag{5-10}$$

此外,连杆 i 的传动装置动能为

$$K_{ai} = \frac{1}{2}I_{ai}\dot{q}_i^2$$

式中:I_{ai} 为传动装置的等效转动惯量,对于手动关节,I_{ai} 为等效质量;$\dot{q}_i$ 为关节 i 的速度。所有装置关节(包括传动装置)的传动总动能为

$$\begin{aligned} K_t &= K + K_a \\ &= \frac{1}{2}\sum_{i=1}^{n}\sum_{j=1}^{i}\sum_{k=1}^{i}\mathrm{tr}\left(\frac{\partial \boldsymbol{T}_i}{\partial q_j}\boldsymbol{I}_i\left(\frac{\partial \boldsymbol{T}_i}{\partial q_k}\right)^{\mathrm{T}}\dot{q}_j\dot{q}_k + \frac{1}{2}\sum_{i=1}^{n}I_{ai}\dot{q}_i^2\right) \end{aligned} \tag{5-11}$$

下面再来计算机械臂位能,一个在高度 h 处、质量为 m 的物体,其位能 $P = -mgh$。连杆 i 上位置 $^i\boldsymbol{r}$ 处质点 $\mathrm{d}m$,其位能

$$\mathrm{d}P_i = -\mathrm{d}m\boldsymbol{g}^{\mathrm{T}}{}^o\boldsymbol{r} = -\boldsymbol{g}^{\mathrm{T}}\boldsymbol{T}_i{}^i\boldsymbol{r}\,\mathrm{d}m$$

式中:$\boldsymbol{g}^{\mathrm{T}} = [g_x, g_y, g_z, 1]$,为重力加速度的齐次坐标表示;$^o\boldsymbol{r}$ 为质点相对基坐标系的坐标;$^i\boldsymbol{r}$ 为质点在 $\{i\}$ 系中的坐标。

$$P_i = \int_i \mathrm{d}P_i = -\int_i \boldsymbol{g}^{\mathrm{T}}\boldsymbol{T}_i{}^i\boldsymbol{r}\,\mathrm{d}m = -\boldsymbol{g}^{\mathrm{T}}\boldsymbol{T}_i\int_i{}^i\boldsymbol{r}\,\mathrm{d}m$$

$$= -m_i\boldsymbol{g}^{\mathrm{T}}\boldsymbol{T}_i{}^i\boldsymbol{r}_i \tag{5-12}$$

式中:m_i 为连杆 i 的质量;$^i\boldsymbol{r}_i$ 为连杆 i 相对 $\{i\}$ 系的重心位置,忽略传动装置重力作用。

机械臂系统总位能为

$$P \approx \sum_{i=1}^{n}P_i = -\sum_{i=1}^{n}m_i\boldsymbol{g}^{\mathrm{T}}\boldsymbol{T}_i{}^i\boldsymbol{r}_i \tag{5-13}$$

求得拉格朗日函数:

$$L = K_t - P$$

$$= \frac{1}{2}\sum_{i=1}^{n}\sum_{j=1}^{i}\sum_{k=1}^{i}\mathrm{tr}\left(\frac{\partial \boldsymbol{T}_i}{\partial q_j}\boldsymbol{I}_i\left(\frac{\partial \boldsymbol{T}_i}{\partial q_k}\right)^{\mathrm{T}}\dot{q}_j\dot{q}_k + \frac{1}{2}\sum_{i=1}^{n}I_{ai}\dot{q}_i^2\right) + \sum_{i=1}^{n}m_i\boldsymbol{g}^{\mathrm{T}}\boldsymbol{T}_i{}^i\boldsymbol{r}_i, \quad n = 1, 2, \cdots$$

$$(5\text{-}14)$$

再根据 $F_p = \dfrac{\mathrm{d}}{\mathrm{d}t}\dfrac{\partial L}{\partial \dot{q}_p}$ 求动力学方程。先求导数：

$$\frac{\partial L}{\partial \dot{q}_p} = \frac{1}{2}\sum_{i=1}^{n}\sum_{k=1}^{i}\mathrm{tr}\left(\frac{\partial \boldsymbol{T}_i}{\partial q_p}\boldsymbol{I}_i\left(\frac{\partial \boldsymbol{T}_i}{\partial q_k}\right)^{\mathrm{T}}\right)\dot{q}_k$$

$$+ \frac{1}{2}\sum_{i=1}^{n}\sum_{j=1}^{i}\mathrm{tr}\left(\left(\frac{\partial \boldsymbol{T}_i}{\partial q_j}\right)^{\mathrm{T}}\boldsymbol{I}_i\left(\frac{\partial \boldsymbol{T}_i}{\partial q_p}\right)^{\mathrm{T}}\right)\dot{q}_j + I_{ap}\dot{q}_p \quad p = 1, 2, \cdots, n$$

$$(5\text{-}15)$$

$\boldsymbol{I}_i$ 为对称矩阵，即 $\boldsymbol{I}_i^{\mathrm{T}} = \boldsymbol{I}_i$，且有 $\mathrm{tr}(\boldsymbol{A}) = \mathrm{tr}(\boldsymbol{A}^{\mathrm{T}})$，则有

$$\mathrm{tr}\left(\frac{\partial \boldsymbol{T}_i}{\partial q_j}\boldsymbol{I}_i\left(\frac{\partial \boldsymbol{T}_i}{\partial q_k}\right)^{\mathrm{T}}\right)^{\mathrm{T}} = \mathrm{tr}\left(\frac{\partial \boldsymbol{T}_i}{\partial q_k}\boldsymbol{I}_i^{\mathrm{T}}\left(\frac{\partial \boldsymbol{T}_i}{\partial q_j}\right)^{\mathrm{T}}\right) = \mathrm{tr}\left(\frac{\partial \boldsymbol{T}_i}{\partial q_k}\boldsymbol{I}_i\left(\frac{\partial \boldsymbol{T}_i}{\partial q_j}\right)^{\mathrm{T}}\right)$$

$$(5\text{-}16)$$

则式(5-15)可简化为

$$\frac{\partial L}{\partial \dot{q}_p} = \sum_{i=1}^{n}\sum_{k=1}^{i}\mathrm{tr}\left(\frac{\partial \boldsymbol{T}_i}{\partial q_k}\boldsymbol{I}_i\left(\frac{\partial \boldsymbol{T}_i}{\partial q_p}\right)^{\mathrm{T}}\right)\dot{q}_k + I_{ap}\dot{q}_p$$

$$(5\text{-}17)$$

当 $p > i$ 时，后面连杆变量 q_p 对前面连杆不产生影响，即 $(\partial \boldsymbol{T}_i / \partial q_p) = 0$（$\boldsymbol{T}_i$ 仅仅是 q_1，$q_2, \cdots, q_i$ 的函数，当 $p > i$，例如 $p = i+1$ 时，q_{i+1} 不是 $\boldsymbol{T}_i$ 的自变量，故为 0）。

$$\frac{\partial L}{\partial \dot{q}_p} = \sum_{i=p}^{n}\sum_{k=1}^{i}\mathrm{tr}\left(\frac{\partial \boldsymbol{T}_i}{\partial q_k}\boldsymbol{I}_i\left(\frac{\partial \boldsymbol{T}_i}{\partial q_p}\right)^{\mathrm{T}}\right)\dot{q}_k + I_{ap}\dot{q}_p$$

所以

$$\frac{\mathrm{d}}{\mathrm{d}t}\left(\frac{\partial L}{\partial \dot{q}_p}\right) = \sum_{i=p}^{n}\sum_{k=1}^{i}\mathrm{tr}\left(\frac{\partial \boldsymbol{T}_i}{\partial q_k}\boldsymbol{I}_i\left(\frac{\partial \boldsymbol{T}_i}{\partial q_p}\right)^{\mathrm{T}}\right)\ddot{q}_k + I_{ap}\ddot{q}_p$$

$$+ \sum_{i=p}^{n}\sum_{j=1}^{i}\sum_{k=1}^{i}\mathrm{tr}\left(\frac{\partial^2 \boldsymbol{T}_i}{\partial q_j \partial q_k}\boldsymbol{I}_i\left(\frac{\partial \boldsymbol{T}_i}{\partial q_p}\right)^{\mathrm{T}}\right)\dot{q}_j\dot{q}_k + \sum_{i=p}^{n}\sum_{j=1}^{i}\sum_{k=1}^{i}\mathrm{tr}\left(\frac{\partial \boldsymbol{T}_i}{\partial q_k}\boldsymbol{I}_i\left(\frac{\partial^2 \boldsymbol{T}_i}{\partial q_j \partial q_p}\right)^{\mathrm{T}}\right)\dot{q}_j\dot{q}_k$$

$$(5\text{-}18)$$

再求 $\dfrac{\partial L}{\partial q_p}$：

$$\frac{\partial L}{\partial q_p} = \frac{1}{2}\sum_{i=p}^{n}\sum_{j=1}^{i}\sum_{k=1}^{i}\mathrm{tr}\left(\frac{\partial^2 \boldsymbol{T}_i}{\partial q_j \partial q_p}\boldsymbol{I}_i\left(\frac{\partial \boldsymbol{T}_i}{\partial q_k}\right)^{\mathrm{T}}\right)\dot{q}_j\dot{q}_k$$

$$+ \frac{1}{2}\sum_{i=p}^{n}\sum_{j=1}^{i}\sum_{k=1}^{i}\mathrm{tr}\left(\frac{\partial^2 \boldsymbol{T}_i}{\partial q_k \partial q_p}\boldsymbol{I}_i\left(\frac{\partial \boldsymbol{T}_i}{\partial q_j}\right)^{\mathrm{T}}\right)\dot{q}_j\dot{q}_k + \sum_{i=p}^{n}m_i\boldsymbol{g}^{\mathrm{T}}\frac{\partial \boldsymbol{T}_i}{\partial q_p}{}^i\boldsymbol{r}_i \quad (5\text{-}19)$$

$$= \sum_{i=p}^{n}\sum_{j=1}^{i}\sum_{k=1}^{i}\mathrm{tr}\left(\frac{\partial^2 \boldsymbol{T}_i}{\partial q_j \partial q_p}\boldsymbol{I}_i\left(\frac{\partial \boldsymbol{T}_i}{\partial q_k}\right)^{\mathrm{T}}\right)\dot{q}_j\dot{q}_k + \sum_{i=p}^{n}m_i\boldsymbol{g}^{\mathrm{T}}\frac{\partial \boldsymbol{T}_i}{\partial q_p}{}^i\boldsymbol{r}_i$$

在上式运算中，交换第二项和式的哑元 j 和 k，然后与第一项合并，获得化简式。将式(5-18)、式(5-19)代入式(5-1)得

$$F_p = \frac{\mathrm{d}}{\mathrm{d}t}\frac{\partial L}{\partial \dot{q}_p} - \frac{\partial L}{\partial q_p} = \sum_{i=p}^{n}\sum_{k=1}^{i}\mathrm{tr}\left(\frac{\partial \boldsymbol{T}_i}{\partial q_k}\boldsymbol{I}_i\left(\frac{\partial \boldsymbol{T}_i}{\partial q_p}\right)^{\mathrm{T}}\right)\ddot{q}_k + I_{ap}\ddot{q}_p$$

$$(5\text{-}20)$$

$$+ \sum_{i=p}^{n}\sum_{j=1}^{i}\sum_{k=1}^{i}\mathrm{tr}\left(\frac{\partial^2 \boldsymbol{T}_i}{\partial q_j \partial q_k}\boldsymbol{I}_i\left(\frac{\partial \boldsymbol{T}_i}{\partial q_p}\right)^{\mathrm{T}}\right)\dot{q}_j\dot{q}_k - \sum_{i=p}^{n}m_i\boldsymbol{g}^{\mathrm{T}}\frac{\partial \boldsymbol{T}_i}{\partial q_p}{}^i\boldsymbol{r}_i$$

交换上列各和式中的哑元，以 i 代替 p，以 j 代替 i，以 m 代替 j，即可得到具有 n 个连杆

的机械臂系统动力学方程：

$$F_i = \sum_{j=i}^{n} \sum_{k=1}^{j} \mathrm{tr}\left(\frac{\partial \boldsymbol{T}_j}{\partial q_k} \boldsymbol{I}_j \left(\frac{\partial \boldsymbol{T}_j}{\partial q_i}\right)^{\mathrm{T}}\right)\ddot{q}_k + I_{\mathrm{a}i}\ddot{q}_i$$
$$+ \sum_{j=i}^{n} \sum_{k=1}^{j} \sum_{m=1}^{j} \mathrm{tr}\left(\frac{\partial^2 \boldsymbol{T}_j}{\partial q_k \partial q_m} \boldsymbol{I}_j \left(\frac{\partial \boldsymbol{T}_j}{\partial q_i}\right)^{\mathrm{T}}\right)\dot{q}_k \dot{q}_m - \sum_{j=i}^{n} m_j \boldsymbol{g}^{\mathrm{T}} \frac{\partial \boldsymbol{T}_j}{\partial q_i}{}^j\boldsymbol{r}_j \tag{5-21}$$

5.1.4　水动力学分析

由于水下环境具有复杂性和不确定性，因此需要考虑水下环境对水下机械臂带来的影响。水下机械臂主要受到四种来自水环境的力的影响：第一种是机械臂在运动过程中受到的与机械臂运动速度有关的水阻力；第二种是机械臂在做加速运动的过程中受到的与机械臂加速度有关的附加质量力；第三种是水流对机械臂的作用力，为水流冲击力；第四种是水对机械臂的浮力。本小节以匀速水流环境为水下机械臂的研究环境，考虑到机械臂运动速度较慢且可看作匀速运动，可忽略附加质量力矩和水流冲击力矩的影响，所以只需考虑机械臂的水阻力矩和浮力矩，则可得水下机械臂动力学方程为

$$\boldsymbol{M}(\boldsymbol{q})\ddot{\boldsymbol{q}} + \boldsymbol{C}(\boldsymbol{q},\dot{\boldsymbol{q}})\dot{\boldsymbol{q}} + \boldsymbol{G}(\boldsymbol{q}) + \boldsymbol{\tau}_{\mathrm{D}} + \boldsymbol{\tau}_{\mathrm{P}} = \boldsymbol{\tau} + \boldsymbol{\tau}_{\mathrm{d}} \tag{5-22}$$

式中：$\boldsymbol{\tau}_{\mathrm{D}}$、$\boldsymbol{\tau}_{\mathrm{P}}$ 分别为水阻力矩和水浮力矩。

1. 水阻力矩

水阻力本质上是刚体与水流之间的摩擦切力，是由物体与水之间的相对运动产生的。水阻力按照作用于物体表面的力的方向来区分，可分为切向水阻力和法向水阻力。由于切向水阻力对细长圆柱体的影响很小，可以忽略不计，因此本小节仅考虑对机械臂系统影响较大的法向水阻力。

假设机械臂各连杆为圆柱杆且直径相对长度较小，如图 5-3 所示，由莫里森公式可知，连杆的 d_x 段所受水阻力为

$$\mathrm{d}\boldsymbol{f}_{\mathrm{D}} = \frac{1}{2}\rho C_{\mathrm{D}} D \boldsymbol{v}^{\mathrm{n}}(x)\|\boldsymbol{v}^{\mathrm{n}}(x)\|\mathrm{d}x \tag{5-23}$$

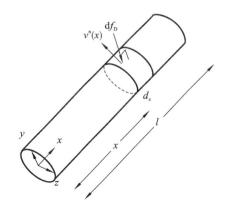

图 5-3　水下机械臂圆柱杆模型

式中：ρ 为水的密度；C_{D} 为阻力系数；D 为连杆直径；$\boldsymbol{v}^{\mathrm{n}}(x)$ 为 d_x 段流体在连杆表面的法向瞬时速度矢量。

通过对式(5-23)积分，可以得到整个连杆所受的水阻力 $\boldsymbol{F}_{\mathrm{D}}$：

$$\boldsymbol{F}_{\mathrm{D}} = \frac{1}{2}\rho C_{\mathrm{D}} D \int \boldsymbol{v}^{\mathrm{n}}(x)\|\boldsymbol{v}^{\mathrm{n}}(x)\|\mathrm{d}x \tag{5-24}$$

在机械臂运动的过程中，机械臂各连杆都会受到水阻力的影响，但是连杆所受的水阻力其中一部分会被机械臂本身的结构特性平衡，需要利用关节驱动力矩平衡的另一部分称为关节水阻力矩。可采用递推法求解关节水阻力矩。

1）向外递推求速度（$i : 0 \rightarrow n-1$）

首先由机械臂的基座开始，向外递推计算各个连杆的速度，然后求解各个连杆表面的瞬

时法向速度，最后通过式(5-24)计算各个连杆所受的水阻力。

令连杆 $i+1$ 在自身的坐标系$\{i+1\}$中的角速度和线速度为${}^{i+1}\boldsymbol{\omega}_{i+1}$和${}^{i+1}\boldsymbol{v}_{i+1}$，${}^{i+1}\boldsymbol{\omega}_{i+1}$和${}^{i+1}\boldsymbol{v}_{i+1}$的递推公式为

$$ {}^{i+1}\boldsymbol{\omega}_{i+1} = {}^{i+1}_{i}\boldsymbol{R}\,{}^{i}\boldsymbol{\omega}_{i} + \dot{\boldsymbol{\theta}}_{i+1}\,{}^{i+1}\boldsymbol{z}_{i+1} \tag{5-25} $$

$$ {}^{i+1}\boldsymbol{v}_{i+1} = {}^{i+1}_{i}\boldsymbol{R}({}^{i}\boldsymbol{v}_{i} + {}^{i}\boldsymbol{\omega}_{i} \times {}^{i}\boldsymbol{p}_{i+1}) \tag{5-26} $$

式中：${}^{i+1}_{i}\boldsymbol{R}$ 为坐标系$\{i\}$到坐标系$\{i+1\}$的齐次变换矩阵；$\dot{\boldsymbol{\theta}}_{i+1}$为连杆 $i+1$ 在自身坐标系中的关节角速度；${}^{i+1}\boldsymbol{z}_{i+1}$为法向单位矢量，${}^{i}\boldsymbol{p}_{i+1}$为连杆 $i+1$ 的连杆坐标系$\{i+1\}$在连杆坐标系$\{i\}$中的位置矢量。

连杆 $i+1$ 上任意一点 P 在自身连杆坐标系$\{i+1\}$中的速度为

$$ {}^{i+1}\boldsymbol{v}(x)_{i+1} = {}^{i+1}\boldsymbol{v}_{i+1} + {}^{i+1}\boldsymbol{\omega}_{i+1} \times {}^{i+1}\boldsymbol{r}(x)_{i+1} \tag{5-27} $$

式中：${}^{i+1}\boldsymbol{r}(x)_{i+1}$是点 P 在连杆坐标系$\{i+1\}$中的位置矢量。

点 P 在连杆坐标系$\{i+1\}$中垂直于连杆表面的法向速度为

$$ {}^{i+1}\boldsymbol{v}^{\mathrm{n}}(x)_{i+1} = \begin{bmatrix} 0 & {}^{i+1}\boldsymbol{v}(x)_{i+1}^{\mathrm{T}}\,{}^{i+1}\boldsymbol{y}_{i+1} & {}^{i+1}\boldsymbol{v}(x)_{i+1}^{\mathrm{T}}\,{}^{i+1}\boldsymbol{z}_{i+1} \end{bmatrix} \tag{5-28} $$

2）向内递推求关节力矩(i：$n-1 \rightarrow 0$)

连杆 $i+1$ 在连杆坐标系$\{i+1\}$中所受的水阻力为

$$ {}^{i+1}\boldsymbol{f}_{\mathrm{D}i+1} = \frac{1}{2}\rho C_{\mathrm{D}} D \int_{0}^{l_{i+1}} {}^{i+1}\boldsymbol{v}^{\mathrm{n}}(x)_{i+1} \left\| {}^{i+1}\boldsymbol{v}^{\mathrm{n}}(x)_{i+1} \right\| \mathrm{d}x \tag{5-29} $$

其中，l_{i+1}表示连杆 $i+1$ 的长度。由机械臂的末端执行器开始，向内递推求解相邻连杆的相互作用力和力矩，根据求得的相互作用力和力矩求解关节水阻力矩。

连杆 i 在坐标系$\{i\}$中力${}^{i}\boldsymbol{f}_{i}$ 和力矩${}^{i}\boldsymbol{n}_{i}$ 的递推公式为

$$ {}^{i}\boldsymbol{f}_{i} = {}^{i}_{i+1}\boldsymbol{R}\,{}^{i+1}\boldsymbol{f}_{i+1} + {}^{i}\boldsymbol{f}_{\mathrm{D}i} \tag{5-30} $$

$$ \begin{aligned} {}^{i}\boldsymbol{n}_{i} = {} & {}^{i}_{i+1}\boldsymbol{R}\,{}^{i+1}\boldsymbol{n}_{i+1} + {}^{i}\boldsymbol{p}_{i+1} \times {}^{i}_{i+1}\boldsymbol{R}\,{}^{i+1}\boldsymbol{f}_{i+1} \\ & + \frac{1}{2}\rho C_{\mathrm{D}} D \int_{0}^{l_{i+1}} [x \quad 0 \quad 0]^{\mathrm{T}} \times {}^{i}\boldsymbol{v}^{\mathrm{n}}(x)_{i} \left\| {}^{i}\boldsymbol{v}^{\mathrm{n}}(x)_{i} \right\| \mathrm{d}x \end{aligned} \tag{5-31} $$

所以连杆 i 的水阻力矩为

$$ \boldsymbol{\tau}_{\mathrm{D}i} = {}^{i}\boldsymbol{n}_{i}^{\mathrm{T}}\,{}^{i}\boldsymbol{z}_{i} \tag{5-32} $$

本小节仅考虑机械臂各个关节为平衡水阻力而施加的关节力矩，未考虑机械臂末端负载，所以设机械臂末端与外界的接触力和力矩为零，即初始值${}^{n+1}\boldsymbol{f}_{n+1}=\boldsymbol{0}$，${}^{n+1}\boldsymbol{n}_{n+1}=\boldsymbol{0}$。

2. 浮力矩

设水下机械臂的重心和浮心重合，由于重力的方向始终和浮力的方向相反，因此将浮力 $f_{\mathrm{p}i}$等效表示为一个方向向上的重力，则水下机械臂连杆 i 的浮力和浮力矩可表示为

$$ f_{\mathrm{p}i} = -V_{i}\rho_{\mathrm{f}} g = -m_{i} g \frac{\rho_{\mathrm{f}}}{\rho_{\mathrm{m}}} \tag{5-33} $$

$$ \tau_{\mathrm{p}i} = -G(q)_{i} \frac{\rho_{\mathrm{f}}}{\rho_{\mathrm{m}}} \tag{5-34} $$

式中：g 为重力加速度；ρ_{f} 为水的密度；ρ_{m} 为机械臂连杆的密度；V_{i} 为机械臂连杆 i 的体积；m_{i} 为机械臂连杆 i 的质量。

5.2 位置控制方法

5.2.1 分析方法

随着控制理论的不断完善,国内外都对柔性机械臂的控制方法进行了较为深入的探索,也初步研究出了不同的工作环境下最适合使用的控制方法,以达到最佳的控制效果。前人已经提出了许多控制方法,主要有 PID 控制、自适应控制、模糊 PID 控制、鲁棒控制、神经网络控制、变结构控制等。其中,变结构控制是一种不连续的可以高速切换的反馈控制,滑模变结构控制是应用最广泛的变结构控制。滑模变结构控制的基本原理是在有限时间内使系统的相点尽可能滑到滑模面上来,其具有响应快速、鲁棒性好等特点。

1. 滑模变结构控制

滑模变结构控制(variable-structure control with sliding mode)是一类特殊的非线性控制方法,其非线性表现为控制的非连续性。滑模变结构控制的非连续性实际上是对控制函数的一种开关切换动作,系统在整个控制过程中由于该切换动作,不断地反复改变结构。而开关的切换动作则受滑动模态的控制。

滑模变结构控制与其他的控制系统的主要区别在于其结构并非固定的,而是在控制过程中不断地改变,结构在系统瞬变过程中按照规定的结构控制法有规律地变化。在滑模变结构控制理论中所研究的控制法则通常是:每当系统相空间中的运动点穿越某些曲面时系统的结构改变。这些曲面的形状本质上取决于控制对象类型。对结构的定义是:系统在状态空间(或相空间)中的状态轨迹(或相轨迹)的总体几何性质。普通的控制系统常常采用状态反馈,控制量是状态量的一个连续函数。若系统是时不变的,且其参考输入为零,此时闭环系统是一个自治系统,其状态轨迹在反馈控制过程中总体几何结构不变,即系统的结构不变。

图 5-4 所示为滑模变结构控制原理,图 5-5 所示为在切换面上的点的三种状态。

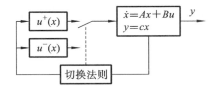

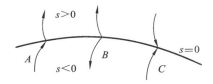

图 5-4 滑模变结构控制原理　　　　　**图 5-5 切换面及其上的点的三种状态**

如图 5-4 所示,在滑模变结构控制中,控制量在整个反馈过程中取为状态量的一种非连续函数,控制量通过一个开关按一定的法则切换到 $u^+(x)$ 或 $u^-(x)$。当控制量接通 $u^+(x)$ 时,系统是一种结构,而当控制量接通 $u^-(x)$ 时,系统是另一种结构。采用这种控制方法,系统的结构在整个控制过程中是变化的。

因此,具有预定滑动模态的开关控制就是滑模变结构控制。实际上,也就是通过开关的切换,改变系统在状态空间中的切换面 $s(x)=0$ 两边的结构。开关的切换法则称为控制策略,它保证系统具有滑动模态。现假设在状态空间中有超曲面 $s=0$,它将状态空间分为上下

两部分 $s>0$ 及 $s<0$，如图 5-5 所示，在切换面上的点有三种情况。

通常点：系统运动点到达切换面 $s=0$ 附近时，穿越此点，如图 5-5 中的 A 点。

起始点：系统运动点到达切换面 $s=0$ 附近时，从切换面的该点两边离开，如图 5-5 中的 B 点。

终止点：系统运动点到达切换面 $s=0$ 附近时，从切换面的两边趋向该点，如图 5-5 中的 C 点。

在滑模变结构控制中，通常点及起始点意义不大，而终止点却有特殊的含义，因为如果在切换面上某一区域内所有的点都是终止点的话，则一旦运动点趋近该区域，其就被"吸引"到该区域内活动。切换面 $s=0$ 上所有点都是终止点的区域就是滑动模态区，或简称为滑模区。系统在滑模区的运动就是滑模运动。

2. 滑模的可达条件

对于系统 $\dot{x}=f(x,t)$，其中 $x=(x_1,x_2,\cdots,x_n)$，$s(x)$ 的导数为

$$\dot{s}=\frac{\mathrm{d}}{\mathrm{d}t}s=\frac{\partial s}{\partial x_1}\cdot\frac{\mathrm{d}x_1}{\mathrm{d}t}+\cdots+\frac{\partial s}{\partial x_n}\cdot\frac{\mathrm{d}x_n}{\mathrm{d}t}=\frac{\partial s}{\partial x}\cdot f(x,t) \tag{5-35}$$

式中：$\frac{\partial s}{\partial x}=\left(\frac{\partial s}{\partial x_1},\cdots,\frac{\partial s}{\partial x_n}\right)$，为一行向量；$\dot{s}$ 为正（负）表示沿 $x(t)$ 的轨迹随时间增加而增加（减少）。显然某一点为终止点的条件是，在该点附近有：当 $s(x)<0$ 时，$\dot{s}(x)>0$ 或当 $s(x)>0$ 时，$\dot{s}(x)<0$。

也可用下式来表示

$$s\cdot\frac{\mathrm{d}s}{\mathrm{d}t}<0 \tag{5-36}$$

此式表示状态空间的任意点向切换面 $s=0$ 靠近的趋势，该式也称为广义滑动模态的存在条件。

滑模变结构控制系统的运动由两部分组成：第一部分是系统在连续控制 $u^+(x)$，$s>0$ 或者 $u^-(x)$，$s<0$ 下的正常运动，它在状态空间中的运动轨迹全部位于切换面之外；第二部分是系统在切换面附近并且沿切换面 $s=0$ 的滑模运动。系统满足广义滑模条件的同时必然同时满足滑模存在性及可达性条件，即在正常运动段，状态空间任意位置的运动点必然于有限时间内到达切换面，而在滑模运动段，系统运动点将在切换面 $s=0$ 附近上下穿行而趋于平衡点。

5.2.2 机械臂的滑模变结构控制律设计

所采用的六自由度水下机械臂构型及坐标系如 5.1 节所示，使用 D-H 方法来描述该结构，对于每一个连杆分别定义了 4 个量，包括关节变量 θ_i 和另外 3 个连杆参数 α_{i-1}、a_{i-1}、d_i，连杆参数如 5.1 节所示。

六自由度水下机械臂的动力学方程可表示为

$$M(q)\ddot{q}+C(q,\dot{q})\dot{q}+G(q)+B(q)+\tau_h+\tau_d=\tau \tag{5-37}$$

式中：q、$\dot{q}$ 和 $\ddot{q}\in\mathbf{R}^{6\times1}$，分别表示关节位置矢量、关节速度矢量和关节加速度矢量。$M(q)\in\mathbf{R}^{6\times6}$，是正定对称的惯性矩阵；$C(q,\dot{q})\in\mathbf{R}^{6\times6}$，为科氏力和离心力矩阵；$G(q)$、$B(q)\in\mathbf{R}^{6\times1}$，是重力矢量和浮力矢量；$\tau_h\in\mathbf{R}^{6\times1}$，表示水动力力矩矢量，它包括由流体加速度力、水阻力和附加质量力引起的力矩矢量；τ_d 是未知干扰力矩；τ 是关节输入力矩。

另外,有

$$M(q) = M(q)^{\mathrm{T}} > 0, \quad x(\dot{M}(q) - 2C(q,\dot{q}))x^{\mathrm{T}} = 0, \forall x \in \mathbf{R}^{6 \times 1} \tag{5-38}$$

为了简化起见,定义:$N(q,\dot{q}) = C(q,\dot{q})\dot{q} + G(q) + B(q) + \tau_{\mathrm{h}} \in \mathbf{R}^{6 \times 1}$,则可得

$$M(q)\ddot{q} + N(q,\dot{q}) + \tau_{\mathrm{d}} = \tau \tag{5-39}$$

这里将未知的外部扰动看作模型的不确定性,而忽略摩擦力等因素的影响。

图 5-6 描述了水下机械臂对航行器实现轨迹跟踪控制的框架。系统利用传感器得到每个采样时刻目标观测点的位姿信息,并对该信息进行处理,以获得各个时刻的包含六自由度位置和姿态的齐次变换矩阵,经过逆运动学求解,得到相应的机械臂末端的期望关节轨迹,经过观察和反馈,并与实际的关节轨迹进行比较获得系统的跟踪误差。采用分数阶积分滑模面来设计控制器的输入,其输出结果作用于控制对象以形成完整的闭环系统。

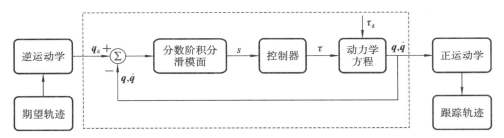

图 5-6 轨迹跟踪控制框图

令 q_{d} 为给定的二阶可微分的期望关节矢量,定义跟踪误差 $e = q_{\mathrm{d}} - q$。设计分数阶积分滑模面:

$$s_i = \dot{e}_i + \int_0^t (c_{2i} \cdot \mathrm{sgn}(\dot{e}_i(v)) \cdot | \dot{e}_i(v) |^{\alpha_{2i}} + c_{1i} \cdot \mathrm{sgn}(e_i(v)) \cdot | e_i(v) |^{\alpha_{1i}}) \mathrm{d}v \tag{5-40}$$

这里的 c_{1i}、$c_{2i} > 0 (i = 1, 2, \cdots, 6)$,且多项式 $s_i^2 + c_{2i}s_i + c_{1i}$ 的特征值全部在复平面的左边,即该多项式是赫尔维茨多项式,α_{1i}、α_{2i} 的选择参考引理 5-1,有

$$\alpha_{1i} = \frac{\alpha_{2i}}{2 - \alpha_{2i}}, \quad 0 < \alpha_{2i} < 1 \tag{5-41}$$

引理 5-1 如果 $k_1, k_2, \cdots, k_n > 0$,同时多项式 $s^n + k_n \cdot s^{n-1} + \cdots + k_2 s + k_1$ 是赫尔维茨多项式,考虑系统 $\dot{x}_1 = x_2, \cdots, \dot{x}_{n-1} = x_n, \dot{x}_n = u$,存在 $\varepsilon \in (0,1)$,使得对于任意的 $\alpha \in (1 - \varepsilon, 1)$,当反馈 $\alpha_1, \cdots, \alpha_n$ 时,系统的平衡点是全局有限时间收敛的,其中,$\alpha_{i-1} = \alpha_i \alpha_{i+1} / (2\alpha_{i+1} - \alpha_i)$,并且 $\alpha_{n+1} = 1, \alpha_n = \alpha$。

在滑动阶段,$s_i(t) = 0, i = 1, 2, \cdots, 6$,即

$$\dot{e}_i + \int_0^t (c_{2i} \cdot \mathrm{sgn}(\dot{e}_i(v)) \cdot | \dot{e}_i(v) |^{\alpha_{2i}} + c_{1i} \cdot \mathrm{sgn}(e_i(v)) \cdot | e_i(v) |^{\alpha_{1i}}) \mathrm{d}v = 0 \tag{5-42}$$

它的导数为

$$\ddot{e}_i + c_{2i} \cdot \mathrm{sgn}(\dot{e}_i) \cdot | \dot{e}_i |^{\alpha_{2i}} + c_{1i} \cdot \mathrm{sgn}(e_i) \cdot | e_i |^{\alpha_{1i}} = 0 \tag{5-43}$$

多项式 $s_i^2 + c_{2i}s_i + c_{1i}$ 是赫尔维茨多项式,跟踪误差能够在非零初始条件下在有限时间内收敛到平衡点。考虑 $\alpha_{2i} = 1, \alpha_{1i} = 1, i = 1, 2, \cdots, 6$ 的情况,这时的滑模面为线性 PID 型。在滑动阶段,考虑 $s_i = 0, \dot{s}_i = 0$,同样在多项式 $s_i^2 + c_{2i}s_i + c_{1i}$ 是赫尔维茨多项式时,跟踪误差能够在非零初始条件下渐近收敛。

设计控制输入:

$$\boldsymbol{\tau} = \boldsymbol{M}(\boldsymbol{q})\left[\ddot{\boldsymbol{q}}_d + \boldsymbol{C}_2 \cdot (\mathrm{sgn}(\dot{e}_i) \cdot |\dot{e}_i|^{a_{2i}})_i + \boldsymbol{C}_1 \cdot (\mathrm{sgn}(e_i) \cdot |e_i|^{a_{1i}})_i + \varepsilon \cdot \mathrm{sgn}(\boldsymbol{s}) + \boldsymbol{K} \cdot \boldsymbol{s}\right]$$
$$+ \boldsymbol{N}(\boldsymbol{q}, \dot{\boldsymbol{q}}) + \tilde{\boldsymbol{\tau}}_c$$

(5-44)

式中：

$$(\mathrm{sgn}(\dot{e}_i) \cdot |\dot{e}_i|^{a_{2i}})_i = [\mathrm{sgn}(\dot{e}_1) \cdot |\dot{e}_1|^{a_{21}}, \cdots, \mathrm{sgn}(\dot{e}_6) \cdot |\dot{e}_6|^{a_{26}}]^T$$ (5-45)

$$(\mathrm{sgn}(e_i) \cdot |e_i|^{a_{1i}})_i = [\mathrm{sgn}(e_1) \cdot |e_1|^{a_{11}}, \cdots, \mathrm{sgn}(e_6) \cdot |e_6|^{a_{16}}]^T$$ (5-46)

另外，$\tilde{\boldsymbol{\tau}}_c$ 是 $\boldsymbol{\tau}_d$ 的估计值，且有

$$\boldsymbol{C}_1 = \mathrm{diag}[c_{11}, \cdots, c_{16}]$$
$$\boldsymbol{C}_2 = \mathrm{diag}[c_{21}, \cdots, c_{26}]$$
$$\boldsymbol{K} = \mathrm{diag}[k_1, k_2, \cdots, k_6], k_i > 0, i = 1, 2, \cdots, 6$$

假设 $\boldsymbol{\tau}_d$ 的上界和下界分别用 $\tilde{\boldsymbol{\tau}}_U$ 和 $\tilde{\boldsymbol{\tau}}_L$ 表示，则

$$\tilde{\boldsymbol{\tau}}_c = \tilde{\boldsymbol{\tau}}_p + \tilde{\boldsymbol{\tau}}_m \cdot \mathrm{sgn}(\boldsymbol{s})$$ (5-47)

$$\tilde{\boldsymbol{\tau}}_m = \frac{\tilde{\boldsymbol{\tau}}_U - \tilde{\boldsymbol{\tau}}_L}{2}$$ (5-48)

$$\tilde{\boldsymbol{\tau}}_p = \frac{\tilde{\boldsymbol{\tau}}_U + \tilde{\boldsymbol{\tau}}_L}{2}$$ (5-49)

对 s 关于时间求导数，可得

$$\dot{\boldsymbol{s}} = -\varepsilon \cdot \mathrm{sgn}(\boldsymbol{s}) - \boldsymbol{K} \cdot \boldsymbol{s} - \boldsymbol{M}^{-1}(\tilde{\boldsymbol{\tau}}_c - \boldsymbol{\tau}_d)$$ (5-50)

为了保证在快速趋近的同时削弱抖振，应当在适当增大 $\boldsymbol{K}$ 的同时减小 ε。当干扰 $\boldsymbol{\tau}_d$ 的上界与下界的差值 $\tilde{\boldsymbol{\tau}}_m$ 越大时，产生的抖振现象越严重。因此，$\tilde{\boldsymbol{\tau}}_m$ 的减小会使得抖振现象减弱。

考虑一个正定李雅普诺夫函数

$$V = \frac{1}{2}\boldsymbol{s}^T \cdot \boldsymbol{s}$$ (5-51)

对时间求导数，得到

$$\dot{V} = \boldsymbol{s}^T \cdot \dot{\boldsymbol{s}}$$
$$= -\varepsilon \cdot |\boldsymbol{s}| - \boldsymbol{s}^T \cdot \boldsymbol{K} \cdot \boldsymbol{s} - \boldsymbol{s}^T \cdot \boldsymbol{M}^{-1}(\tilde{\boldsymbol{\tau}}_c - \boldsymbol{\tau}_d)$$
$$\leqslant -\varepsilon \cdot |\boldsymbol{s}| - \boldsymbol{s}^T \cdot \boldsymbol{K} \cdot \boldsymbol{s} \leqslant 0$$

(5-52)

上式表明 V 是有界的，利用 Barbalat 引理可以保证当 $t \to \infty$ 时，s 渐近收敛到 $\boldsymbol{0}$，系统的跟踪误差可以快速稳定地收敛到平衡点。

5.3　机械臂位置控制算例

5.3.1　对固定目标的位置控制仿真

水下机械臂的连杆常量参数 $a_2 = 5, a_3 = 6.4, d_1 = 1.195, d_3 = 0.7, d_4 = -0.7, d_5 = -0.995, d_6 = 0.72$，连杆密度为 $4500~\mathrm{kg/m^3}$。假设水下机械臂的重力和浮力的中心是一致的，重力加速度为 $9.8~\mathrm{m/s^2}$，水密度为 $1000~\mathrm{kg/m^3}$，水阻力系数 $C_d = 0.6$，附加质量力系数 $C_m = 1$。

滑模面参数设为 $c_{11}=100, c_{12}=120, c_{13}=120, c_{14}=100, c_{15}=100, c_{16}=100, c_{21}=50,$ $c_{22}=60, c_{23}=60, c_{24}=50, c_{25}=50, c_{26}=50, \alpha_{2i}=0.9, i=1,2,\cdots,6$。

趋近律参数 $\varepsilon \in (0,1), k_i \in (0,60), i=1,2,\cdots,6$，外部干扰 τ_d 选为分量在 $[-100,$ $+100]$ N·m 范围内的随机分布向量，机械臂末端的初始坐标为 $(0,0)$，目标点坐标为 $(8,$ $5)$。仿真结果如图 5-7 到图 5-10 所示。

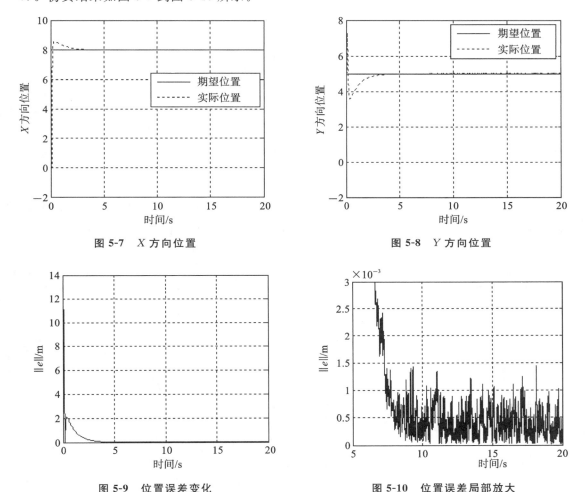

图 5-7 X 方向位置   图 5-8 Y 方向位置

图 5-9 位置误差变化   图 5-10 位置误差局部放大

从图 5-7 到图 5-10 可见，水下机械臂能够在有限时间范围内达到预定目标点，且其位置控制精度能够满足指标要求。图 5-10 所示是将机械臂末端位置误差局部放大后的图像，从中可以观察到位置误差的高频颤振，这是由于滑模面上控制量高频切换。

5.3.2 对移动目标的轨迹跟踪控制仿真

机械臂可以用主从手模式操作，其实质是用从手末端去跟踪主手末端轨迹。为此，可将主手末端产生的轨迹作为被跟踪移动目标轨迹。考虑移动目标在基坐标系下的 $Z=0.5$ 平面上运动。值得注意的是，对移动目标进行轨迹跟踪时，在图 5-6 的基础上增加了内环速度控制。

仿真所用的基本参数见 5.3.1 节。图 5-11 表示机械臂末端的轨迹和目标轨迹，其中设定的干扰在[−100,＋100] N・m 范围内,可以看出在 $t=0$ s 时二者的初始位置相差较远,随着时间的推移,最终它们的位置相差很近。

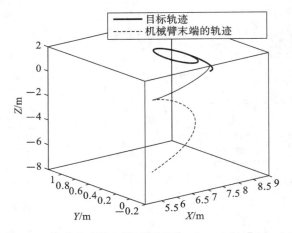

图 5-11　轨迹跟踪情况(干扰力矩[−100,＋100] N・m)

图 5-12、图 5-13 表示在 X 方向上的位置误差曲线,其中图 5-13 所示是局部放大后的情况。图 5-14、图 5-15 是 Y 方向上的位置误差曲线,其中图 5-15 是局部放大后的情况。从图中可以看出这两个位置约在 $t=2.5$ s、$t=1$ s 时首次达到误差零点,并且在后面的时间里分别实现约[−0.02,＋0.02] m、[−0.01,＋0.01] m 的稳态误差响应。控制器的不连续性以及外部干扰的影响使得在 X 方向上、Y 方向上的位置误差都会产生一定程度的抖振现象,这从图 5-13、图 5-15 中可以看出。另外,无外部干扰时的仿真结果如图 5-16、图 5-17 所示,在 X 方向上、Y 方向上的位置误差在不连续性的影响下会产生较小的抖振。

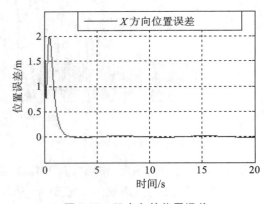

图 5-12　X 方向的位置误差

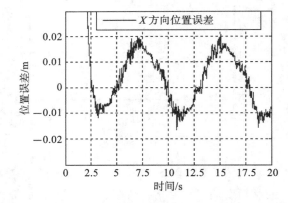

图 5-13　X 方向位置误差(局部放大)

若设定外部干扰 τ_d 为[−50,＋50] N・m 内的随机分布向量,仿真结果如图 5-18、图 5-19所示。通过比较图 5-13、图 5-16 和图 5-18,以及图 5-15、图 5-17 和图 5-19 可以发现,随着外部干扰的上界和下界之间的差值 $\tilde{\tau}_m$ 的减小,X 方向、Y 方向的位置误差的抖振现象也会减弱。

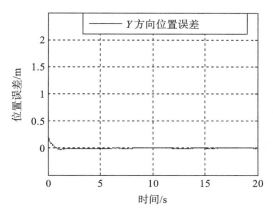

图 5-14 Y 方向的位置误差

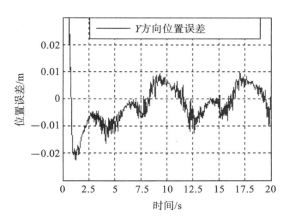

图 5-15 Y 方向位置误差(局部放大)

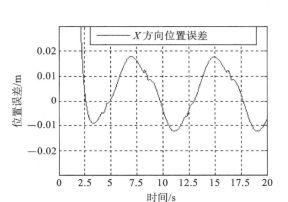

图 5-16 无干扰时 X 方向的位置误差

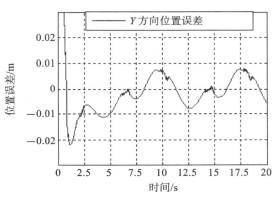

图 5-17 无干扰时 Y 方向的位置误差

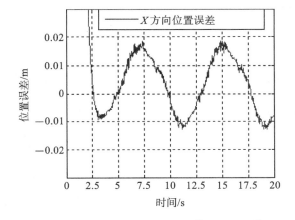

图 5-18 X 方向位置误差(干扰$[-50,+50]$)

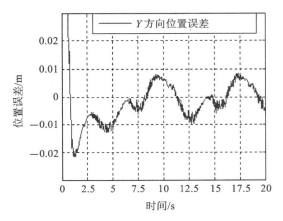

图 5-19 Y 方向位置误差(干扰$[-50,+50]$)

第6章
试 验 系 统

基于以上的理论分析与研究,本章介绍相应的试验系统。波浪升沉补偿作业及水下机械臂作业,可利用试验系统进行不同波浪条件下的试验,与仿真结果进行对比分析,验证系统原理及控制方法的有效性,并为补偿装置的进一步优化提供有效的试验数据。

6.1 升沉补偿作业试验系统

6.1.1 波浪升沉补偿平台的相似性原理

按四级海况进行作业。在四级海况条件下,浪高为 $1.25\sim2.5$ m,波浪周期为 $2.8\sim10.6$ s。考虑到模拟波浪运动时,试验台应能适应试验条件适当拓宽,具体设计条件如表6-1所示。

表 6-1 原型设计条件

序　号	项　目	参　数	备　注
波浪运动			
1	波浪幅值	$1.25\sim2.5$ m	取 2 m
2	波浪周期	$2.8\sim12$ s	取 $4\sim12$ s
升沉补偿装置			
3	额定负载	8 t	
4	补偿率	约90%	

1. 波浪升沉运动平台的相似性分析

1) 相似指标

对波浪升沉运动的模拟,其主要目标是模型与原型之间具有相似运动。即在模型与原型之间具有几何相似和时间相似的前提下,其对应点和对应时间的速度相似。任何系统的瞬时速度,都可用如下微分方程描述:

$$v = \frac{\mathrm{d}l}{\mathrm{d}t} \tag{6-1}$$

对于模型,则有

$$v_{\mathrm{m}} = \frac{\mathrm{d}l_{\mathrm{m}}}{\mathrm{d}t_{\mathrm{m}}} \tag{6-2}$$

两个系统相似,即对应量互成比例,即

$$\begin{cases} \dfrac{v}{v_{\mathrm{m}}} = C_v \\[2mm] \dfrac{t}{t_{\mathrm{m}}} = C_t \\[2mm] \dfrac{l}{l_{\mathrm{m}}} = C_l \end{cases} \tag{6-3}$$

式中:C_v 是速度相似常数;C_t 是时间相似常数;C_l 是几何相似常数。将式(6-3)代入式(6-1)得到 $C_v = \dfrac{C_l}{C_t}$,即

$$\frac{C_v C_t}{C_l} = 1 \tag{6-4}$$

该式左端是运动相似的相似指标,其等于 1 表示两个运动是相似的。从式(6-4)也可知道,对于运动相似的系统,相似常数的选取不是任意的,必须满足式(6-4)。

将式(6-3)代入式(6-4)可得

$$\frac{vt}{l} = \frac{v_{\mathrm{m}} t_{\mathrm{m}}}{l_{\mathrm{m}}} \tag{6-5}$$

此即为相似准则。

2）几何相似常数

根据实验室空间布置条件确定模型规模,可确定几何相似常数为 $C_l = \dfrac{l}{l_{\mathrm{m}}} = 5$,其中 l 表示原型几何尺寸,l_{m} 表示模型几何尺寸。

3）时间相似常数、速度相似常数

取实际波浪幅值为 2 m,则可以用下式表示其运动:

$$x_{\mathrm{s}} = \frac{4}{2} \sin\left(\frac{2\pi}{T} t\right) \tag{6-6}$$

式中:x_{s} 表示波浪运动位移;T 表示波浪周期(见表 6-1,其范围为 2.8~12 s)。升沉运动平台模型的运动规律可表示为

$$x_{\mathrm{sm}} = \frac{4/2}{5} \sin\left(\frac{2\pi}{T_{\mathrm{m}}} t\right) \tag{6-7}$$

(其中下标 m 表示模型)。

根据式(6-4),在几何相似常数、时间相似常数及速度相似常数间,有两个独立的,余下一个相似常数可由其他两个独立的相似常数确定。因此,可以考虑将时间相似常数取为 $C_t = \dfrac{t}{t_{\mathrm{m}}} = 0.5$,则 $C_v = \dfrac{C_l}{C_t} = C_l/0.5 = 10$。

根据 $C_v = 10$ 的结论可知,对应的最大速度之比也应为 10,即对上述式(6-6)、式(6-7)求导后幅值之比应等于 10,则可得出升沉运动平台模型的周期应为 $T_{\mathrm{m}} = 2T$,即 T_{m} 取值范围为 $2\times2.8\ \mathrm{s} < T_{\mathrm{m}} < 2\times12\ \mathrm{s}$,即

$$5.6\ \mathrm{s} < T_{\mathrm{m}} < 24\ \mathrm{s} \tag{6-8}$$

2. 平台模型最大速度

对式(6-7)求导,可得相应的平台最大运动速度为:$v_{mmax}=\dfrac{4}{10}\dfrac{2\pi}{T_m}$,则根据 T_m 的取值范围可得

$$0.10 \text{ m/s} < v_{mmax} < 0.45 \text{ m/s} \tag{6-9}$$

3. 加速度相似常数、平台模型驱动机构的最大推力

按上述相同的推导方式,有相似指标

$$\frac{C_a C_t}{C_v} = 1 \tag{6-10}$$

则加速度相似常数 $C_a=\dfrac{C_v}{C_t}=\dfrac{10}{0.5}=20$,则平台运动的最大加速度为

$$a_{mmax}=\frac{4}{10}\frac{(2\pi)^2}{T_m^2}=1.6\frac{\pi^2}{T_m^2} \tag{6-11}$$

又根据式(6-8),得到

$$0.03 \text{ m/s}^2 < a_{mmax} < 0.5 \text{ m/s}^2 \tag{6-12}$$

因此,若设平台模型最大推力为 F_T,并取加速度为最大值,则有

$$F_T - m_p g = m_p a_{mmax} \tag{6-13}$$

式中:m_p 为平台及其附属装置的总质量,若估算为 500 kg,则所需的最大推力为

$$F_T = m_p(g + a_{mmax}) = 500 \times (10 + 0.5)\text{N} = 5250 \text{ N} \tag{6-14}$$

可见,若驱动装置(如电动缸)额定推力为 10 kN(1 t),则能满足要求。

4. 电动机功率

按上述计算结果,以电动缸最大出力为 10000 N 计。根据式(6-9),按最大速度 0.45 m/s计,若将平台的速度曲线按正弦规律表示为

$$V_p = 0.45\sin(\omega t) \tag{6-15}$$

则加速度曲线可表示为 $a_p = 0.45\omega\cos(\omega t)$,将出力曲线按加速度规律表示为 $F = 10000\cos(\omega t)$,则瞬时功率的表达式为

$$P = FV_p = 10000 \times 0.45\sin(\omega t)\cos(\omega t) \tag{6-16}$$

瞬时功率的最大值为

$$P_{max} = \frac{10000}{2} \times 0.45 \text{ W} = 2.250 \text{ kW} \tag{6-17}$$

可见,若考虑效率因素,配 5 kW 的电动机,显然能满足系统要求。

综上,运动平台的设计参数为:运动浪高为 0.8 m,周期为 5.6~24 s,瞬时最大速度为 0.45 m/s,瞬时最大加速度为 0.5 m/s²,驱动机构额定推力为 10 kN,额定功率为 5 kW。

5. 模型负载

按动力相似原理设计升沉补偿装置模型,其中几何相似常数与时间相似常数与上述升沉运动平台相同,即 $C_l=5$,$C_t=0.5$。并由此可导出 $C_v=10$,$C_a=20$。动力相似结果应在上述几何相似、时间相似和运动相似的基础上进行计算。

负载相似常数为 $C_m=\dfrac{\rho l^3}{\rho_m l_m^3}$,由于负载模型与原型间不考虑密度变化,则

$$C_m = \frac{l^3}{l_m^3} = (C_l)^3 = 5^3 = 125 \tag{6-18}$$

因此,按原型负载 $M=8$ t 计,则模型的负载为

$$M_{\mathrm{m}}=\frac{M}{C_{\mathrm{m}}}=\frac{8000}{125}\ \mathrm{kg}=64\ \mathrm{kg} \tag{6-19}$$

根据以上计算,可以得出升沉补偿平台模型系统设计要求如表 6-2 所示。

表 6-2　模型设计要求

项　　目	符　号	参　数	备　　注
负载	M_{m}	64 kg	考虑到增强试验能力,可增大到 100 kg
波浪周期	T_{m}	5.6~24 s	
环境温度	C	0~50 ℃	
补偿率	η	90%	
幅值裕度	G_{m}	>6 dB	
相位裕度	P_{m}	>45°	
带宽	w	>2 rad/s	

6.1.2　升沉补偿试验系统

1. 试验样机

试验样机正视图如图 6-1 所示。

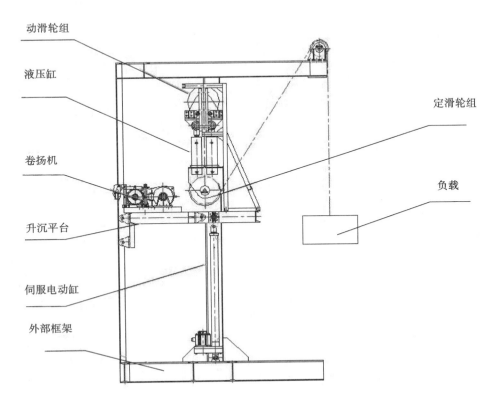

动滑轮组
液压缸
卷扬机
升沉平台
伺服电动缸
外部框架
定滑轮组
负载

图 6-1　试验样机正视图

试验样机主支撑结构采用钢结构,用于支撑及容纳升沉平台子系统和补偿装置子系统。伺服电动缸安装在样机支撑结构底部,伺服电动缸顶部与升沉平台连接,这一部分即为升沉平台子系统。通过伺服电动缸活塞杆的伸缩推动升沉平台上下运动,升沉平台的上下运动可以用来模拟船舶甲板在波浪作用下的升沉运动。在升沉平台上分别固定一台卷扬机和一个张紧器,钢丝绳从卷扬机绕出,并绕张紧器两圈后连接负载,构成补偿装置子系统。卷扬机模拟船舶吊机中的绞车,使负载上升或者下降;张紧器为补偿系统执行机构。执行机构组成结构为:张紧器中间固定一组并联液压缸,液压缸的缸体和活塞杆各自与一直滑轮连接在一起,分别构成定滑轮组和动滑轮组,并联液压缸的缸体与张紧器框架连接在一起,固定在升沉平台上。

2. 控制系统

控制系统组成示意图如图 6-2 所示。

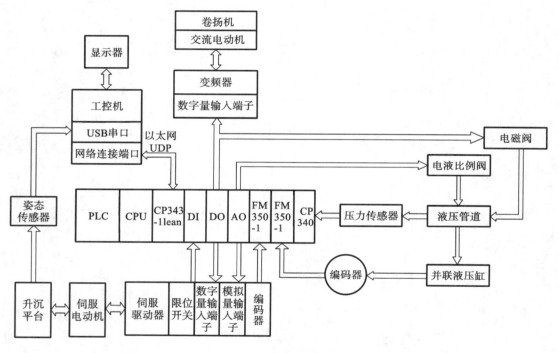

图 6-2　控制系统组成示意图

控制系统的上位机选用工控机,下位机选用西门子 PLC。PLC 英文全名是 programmable logic controller,即可编程控制器,是一种面向生产过程控制的数字电子装置,包括逻辑运算、顺序控制、时序、计数以及算术运算等程序。在工业领域 PLC 以其强大的抗干扰能力、高可靠性和低故障率而著称,并且在数字运算、模拟量处理、人机接口和网络通信等方面具有优越的性能。上位机与下位机之间通过网络通信连接,通信协议为 UDP 协议;网络连接需要用到工控机的网口和 PLC 的网络通信模块。

卷扬机的动力机构为交流电动机,电动机可以通过变频器调速。变频器的数字量输入端子由 PLC 的数字量输出端子进行控制,利用 PLC 4 个数字输出量的 16 种不同组合控制变频器数字量输入端子的 16 种不同连接状态,从而实现 16 级调速。

升沉平台的动力机构为伺服电动机,伺服电动机由伺服驱动器进行控制。在伺服驱动器中,限位开关连接至 PLC 的数字量输入端子,向 PLC 反馈其越限状态;伺服驱动器的开启与关闭通过数字量输入端子的连接状态进行控制,PLC 的数字量输出端子控制伺服驱动器数字量输入端子的不同连接状态,以完成伺服开启与报警输出等控制;伺服驱动器利用模拟量进行调速控制,模拟量输入端子与 PLC 的模拟量输出端子连接,通过 PLC 中输出模拟量的变化实现伺服电动机调速功能;伺服电动机的实际位移通过内置编码器进行测量,并反馈至 PLC 对应模块中;升沉平台的实际位移通过姿态传感器测出并反馈至工控机中。

液压系统的控制元件为电液比例阀和电磁阀。PLC 的数字量输出端子控制电磁阀的开闭,模拟量输出端子控制电液比例阀开口的大小;液压管道的油液压力利用压力传感器进行检测,并反馈至 PLC;并联液压缸中活塞杆相对缸体的位移利用编码器进行检测,并反馈至 PLC。

控制系统的控制原理为:操作人员通过显示器,向上位机工控机写入波浪的幅值与周期,工控机通过网络通信将此信息传入 PLC 中,PLC 根据此参数进行计算并得出模拟量实际值,通过模拟量输出端子控制伺服驱动器,进而控制伺服电动机转速和升沉平台的位移,升沉平台的实际位移通过姿态传感器测出并反馈至工控机中,再次利用网络通信将平台实际位移传入 PLC 中,并根据此位移计算出控制器指令信号。另外,并联液压缸活塞杆相对缸体的实际位移通过增量编码器测出,并反馈至 PLC 中,作为控制系统实际信号。将控制器的指令信号与实际信号相减,计算得出偏差,经过控制算法的运算得出控制器的输出信号,此输出信号通过模拟量输出端子输出至电液比例阀中,控制电液比例阀开口大小,从而控制活塞杆相对缸体的位移,如此循环,形成一个闭环反馈控制系统。

3. 下位机控制软件系统

在本系统中,根据系统所需要求,选用西门子 S7-300 系列的 PLC,CPU 型号为 CPU313C,其中已经集成了 16 位数字量输入端子、24 位数字量输出端子、4 路模拟量输入端子和 2 路模拟量输出端子。此外还需加入的模块包括:1 个网络通信模块 CP343-1 lean、1 个 485 通信模块 CP340 和 2 个计数器模块 FM350-1。

下位机软件系统开发流程如图 6-3 所示。

PLC 的网络通信模块用于在上位机与下位机之间传输信息。西门子 PLC 的通信方式包括多点接口 MPI 通信、Profibus 通信、工业以太网通信、点对点连接通信和 AS-i 网络的过程通信。其中,在进行上位机与下位机之间的通信时往往选用工业以太网,即基于 IEEE 802.3(Ethernet)的强大单元网络,其通信介质是双绞线,特点是价格低廉、稳定可靠、通信速率高、软硬件产品丰富和应用广泛。

工业以太网的通信协议主要包括:TCP/IP 协议、ISO 传输协议、ISO-on-TCP 协议和 UDP 协议。本系统中上位机与下位机数据传输时通信数据量不大,实时性要求不高,可选用简单有效的通信方式,即基于以太网的 UDP 通信。

UDP 通信时数据的传输与识别是基于 IP 地址和端口号的。在进行 UDP 通信时,上位机和下位机需要有相对应的 IP 地址和相同的端口号,一套设备只能有一套对应的 IP 地址,即上位机和下位机的 IP 地址不能改变;但是,可以在同一个 IP 地址上设置多组端口号,这样就可以实现上位机与下位机之间多种类型数据的独立传输。

在进行 UDP 通信开发时,依次需要完成:

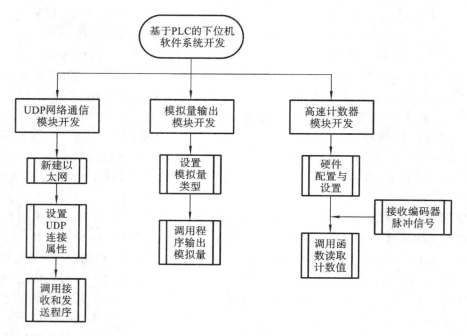

图 6-3 下位机软件系统开发流程

（1）配置硬件，新建以太网，并设置 IP 和子网掩码；

（2）设置 UDP 网络连接属性；

（3）调用 UDP 数据发送和接收程序，完成数据传输任务。

伺服电动缸中执行元件为伺服电动机，驱动元件为伺服驱动器。可以利用 PLC 控制伺服驱动器和伺服电动机，进而控制伺服电动缸中电动推杆的位移。伺服电动机的控制方式分为三种：利用脉冲信号实现位置控制，利用模拟量信号实现转速控制和利用模拟量信号实现转矩控制。由于本系统中平台的位置和速度一直在变化，因此采用模拟量信号控制转速的控制方式更为简便。

试验样机中选购的伺服电动缸是上海冀望机电科技有限公司的 SEA804 系列伺服电动缸，具体参数如表 6-3 所示。

表 6-3 伺服电动缸参数

参 数 名 称	取　　值	备　　注
有效行程/mm	1180	
最大行程/mm	1200	
丝杠导程/mm	10	滚珠丝杠
额定出力/kN	12	
额定速度/(mm/s)	333	
最高速度/(mm/s)	500	

伺服电动机型号为松下 MDME502GCH，功率器件额定电流为 150 A，输入电压为三相 200 V 电压；驱动器型号为 MFDKTB3A2，电源电压为三相 200 V 电压。驱动器接线面板上的接线原理如图 6-4 所示。在驱动器接线面板上，L1、L2、L3 为主电源连接端子，分别连接

三相 200 V 电压的三根线,L1C 和 L2C 为控制电源连接端子,连接三相 200 V 电压中的任意两根线。U、V、W 为电动机连接端子,连接至电动机相应线路中。X1 为 USB 连接端口,驱动器可以通过 X1 与 PC 进行数据通信;X2 为串行通信端口,供串行通信时使用;X3 为安全功能用连接端口;X4 为多功能接口连接器,PLC 的控制信号都连接至 X4 端口中的端子;X5 为外部反馈池连接端口,在需要外部反馈回路时使用;X6 为编码器连接端口,连接伺服电动机中的编码器。

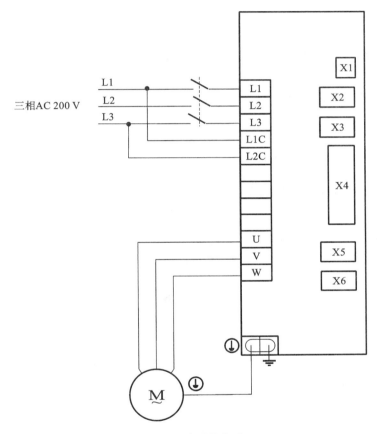

图 6-4　驱动器接线原理

在控制回路中,PLC 的数字量和模拟量信号都是通过 X4 端口接入驱动器的,X4 端口中的各端子接线如图 6-5 所示。

根据试验样机的要求,需要 PLC 输入给驱动器的数字量信号有:伺服 ON 输入(SRV-ON/29)(打开伺服驱动)、正方向驱动禁止输入(POT/9)(禁止电动机正向旋转)、负方向驱动禁止输入(NOT/8)(禁止电动机负向旋转)。需要驱动器输出给 PLC 的数字量信号有:外设制动器解除输出(BRKOFF/11)(打开外部制动器)、伺服警报输出(ALM/37)(检测报警状态)。需要 PLC 输入给驱动器的模拟量信号有速度指令输入(SPEED/14),通过模拟量电压的高低来控制伺服电动机的转速。接通电源时驱动器工作时序如图 6-6 所示。

图 6-6 中,Tr ON(OFF)表示伺服接通(关闭),或制动器动作(制动器解除)。在控制电源和主电源接通后,即可输入伺服开启(SRV-ON)信号,驱动器接收此信号后会打开动态制动器并输出制动器解除输出(BRKOFF)信号,再根据此数字量输出信号打开保持制动器,然

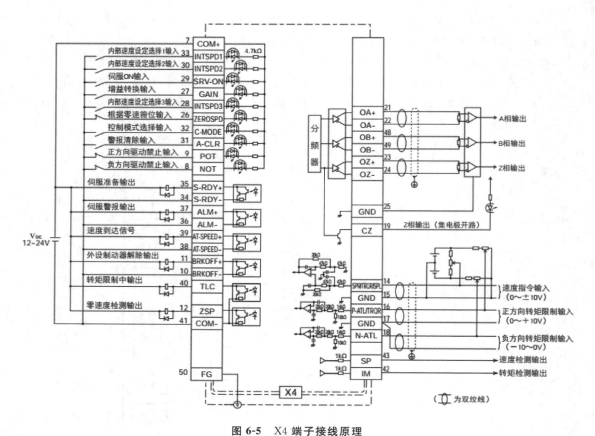

图 6-5　X4 端子接线原理

后就可以将 PLC 的模拟量电压输出至驱动器控制电动机转动。

西门子 S7-300 PLC 的 CPU313C 中集成了 2 路模拟量输出端子,它们分别用来控制伺服电动机的转速和电液比例阀开口的大小,在进行模拟量输出模块的开发时首先需要了解模拟量处理流程。PLC 中模拟量处理流程如图 6-7 所示。

如图 6-7 所示,在生产过程中,物理量(压力、温度、流量等)经过传感器与变送器后变为标准的模拟信号(电压或电流),再通过模拟量输入模块传入 PLC 的 CPU 中;CPU 模块的输出数据通过模拟量输出模块转换为标准模拟信号,再传输给执行器,最后由执行器完成模拟信号到物理量之间的转变。

在配置系统硬件时,双击模拟量输入、输出模块,即可设置模拟量输入、输出模块的物理量是电流还是电压,本系统中选择电压。

在模拟量输入过程中,模拟信号传入 CPU 中时信号先转换成对应的整数值,再将整数值存入 CPU 中,这个转换过程需要用到系统功能 FC106;同样,在模拟量输出过程中,CPU 将整数值转换成对应的模拟信号值,再通过输出模块输出,这个转换过程需要用到系统功能 FC105。本系统中,由于电液比例阀和伺服电动缸的位移都包括正负值并且对称,因此都为双极性的。

编码器是一种将旋转位移转换成一串数字脉冲信号的旋转式传感器,应用于位置和角度测量。光电轴角编码器,亦称光电角位置传感器,具有精度高、体积小、重量轻、可实现数字量输出等优点,广泛应用于工业、军事、航空、机器人等各领域的自动化测量系统。

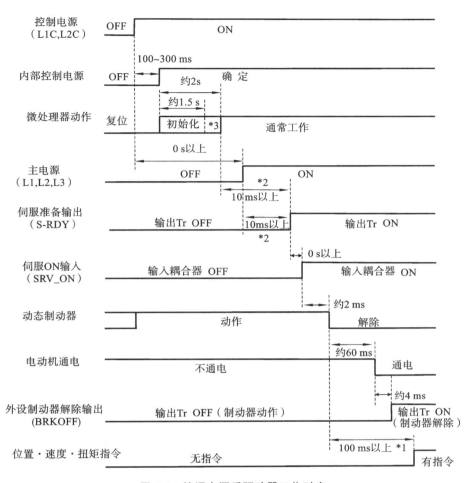

图 6-6 接通电源后驱动器工作时序

编码器的输出方式可以分为增量式和绝对式两种。增量式编码器会输出脉冲方波,将旋转位移转换为脉冲的数量,具有成本低、抗干扰能力强和分辨率高等特点,但是无法得到绝对位移信息。绝对式编码器的输出信息与旋转位置一一对应,并有相对应的代码,通常为二进制代码或者 BCD 码,特点是可以用于停电记忆,但是成本较高。本系统中选用光电增量式编码器。

增量式编码器的输出可以分为电压输出、集电极开路输出、推拉互补输出和长线驱动输出(差分信号、TTL 电平)。本系统中选用长线驱动输出编码器,其电路如图 6-8 所示,输入电压为 DC 5 V,输出差分信号,即输出 A 相、A 非相、B 相、B 非相、Z 相和 Z 非相六相脉冲,A 与 A 非、B 与 B 非、Z 与 Z 非互为反向,A 相与 B 相脉冲相差 90°,通过这个相位差可以判断编码器的正反转,Z 相输出一个脉冲表示旋转一周,可用于基准点定位。

增量式编码器的分辨率单位是 ppr,表示每旋转一周输出脉冲数,分辨率越高误差越小。测量伺服电动机角位移的编码器已内置于伺服电动机中,分辨率可以根据需求更改,试验中设定为 2500 ppr。测量活塞杆相对缸体位移的编码器型号为 OVW2-10-2MD,分辨率为 1000 ppr,实物如图 6-9 所示。

西门子 S7-300 系列 PLC 中有专门用于测量编码器信号的模块,即高速计数器模块,针

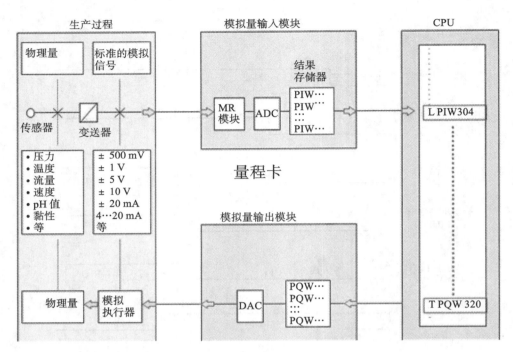

图 6-7 模拟量处理流程

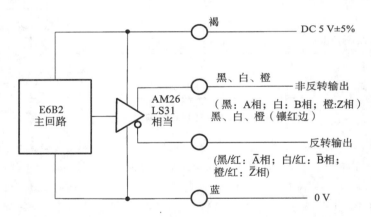

图 6-8 长线驱动输出编码器电路

对本系统中所用编码器,选用模块 FM350-1。

FM350-1 是一款用于高速计数的功能模块,可用在 S7-300/M7-300 控制系统中。它能支持的操作模式包括连续计数、单次计数、周期计数和测量模式。FM350-1 模块的硬件接线管脚定义如表 6-4 所示。由该表可以看出,FM350-1 的 1、2 和 19、20 端子都需接入 24 V 直流电源,3、4 端子分别接入编码器的电源信号线,6、7 端子接入 A 相、A 非相信号线,8、9 端子接入 B 相、B 非相信号线,10、11 端子接入 N 相、N 非相信号线。以上为必须接的信号线,其他数字量输入、输出信号线可以根据需要相应接入。

完成模块接线后,可以在 SIMATIC Manager 硬件配置中插入 FM350-1 模块并双击,开始配置模块。

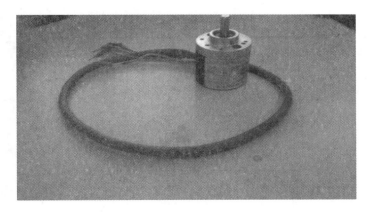

图 6-9　编码器实物

表 6-4　FM350-1 管脚定义

端　　子	名　　称	输入/输出	功　　能
1	1L+	输入	24 V 辅助电源正端
2	1M	输入	24 V 辅助电源负端
3	1M	输出	编码器供电负端
4	DC 5.2 V	输出	5.2 V 编码器供电正端
5	DC 24 V	输出	24 V 编码器供电正端
6	A、A*	输入	5 V 编码器的信号 A, 或者 24 V 编码器的信号 A*
7	$\overline{A}$	输入	5 V 编码器的信号 $\overline{A}$
8	B、B*	输入	5 V 编码器的信号 B, 或者 24 V 编码器的信号 B*
9	$\overline{B}$	输入	5 V 编码器的信号 $\overline{B}$
10	N、N*	输入	5 V 编码器的信号 N, 或者 24 V 编码器的信号 N*
11	$\overline{N}$	输入	5 V 编码器的信号 $\overline{N}$
12			
13	I0	输入	数字量输入, StartDI
14	I1	输入	数字量输入, StopDI
15	I2	输入	数字量输入, DI Set
16			
17	Q0	输出	数字量输出, DO0
18	Q1	输出	数字量输出, DO1
19	2L+	输入	负载电源 24 V 正端
20	2M	输入	负载电源 24 V 负端

4. 上位机软件系统

人机交互界面的开发在现代软件的开发中占有越来越重要的地位, 它把计算机技术和人联系起来, 最大程度地使计算机技术人性化。人机交互界面集成在工控机中, 形成上位机。

基于 Qt 平台的人机交互界面得到越来越广泛的应用,Qt 提供了一个完整的 C++应用程序开发框架,根据该框架,可以完成完全面向对象的界面开发。

选择 Qt 是因为它具有良好的可移植性、方便的易用性和高运行速率等特点。同时,它特有的核心机制——信号和槽系统,非常方便,不像回调函数那样会产生内存泄漏。

基于工控机的上位机软件系统开发流程如图 6-10 所示。

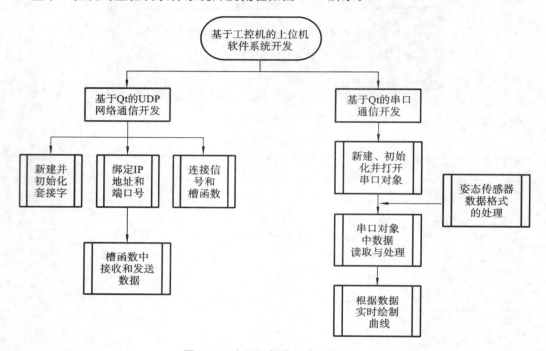

图 6-10　上位机软件系统开发流程

1）基于 Qt 的 UDP 网络通信开发

需要完成的步骤如下:

（1）头文件中应包含库文件<QtNetwork/QUdpSocket>;

（2）声明套接字和发送、接收槽函数;

（3）新建套接字并初始化;

（4）用 bind()函数将套接字绑定本地 IP 地址和对应端口号;

（5）用 connect()函数连接信号和槽函数;

（6）在接收槽函数中用 readDatagram()函数接收数据;

（7）在发送槽函数中用 writeDatagram()函数发送数据。

2）基于 Qt 的串口通信与姿态传感器

（1）姿态传感器参数与数据格式的处理。

普通的相对位移传感器无法实际测量升沉平台的位移,需要选用专用姿态传感器。选用 SBG Systems 公司的 IG-500E 传感器,姿态传感器实物如图 6-11 所示。该传感器静态精度为±0.5°,动态精度为±1°,输出频率为 0～100 Hz。主要特点如下。

①高达 100 Hz 的三维速度、位置和方向定义及方向刷新频率。

②在高机动情况下也有精确姿态。

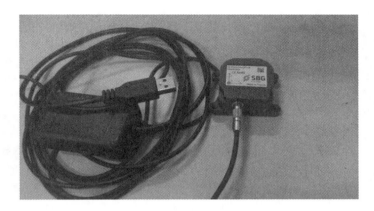

图 6-11　姿态传感器实物

③适用的通信协议：RS-232、RS-422、CAN2.0A/B、TTL 和 USB。

姿态传感器可以通过 USB 口与上位机连接，用串口数据协议即可正常通信。姿态传感器在传输数据时数据格式为：波特率 115200 bps，8 位数据位，1 位停止位，无校验位。

每一帧数据中，前 2 个字节和最后一个字节的数据都是不变的，第 3～5 个字节和倒数 2～3 个字节中的数据是传感器 CPU 自动生成的，与要读取的传感器数据无关。传感器测量数据从第 6 个字节开始，一直到倒数第 4 个字节，传感器传输的每一帧数据的大小与所需读取的数据多少有关。由于本项目中只需读取升沉方向的位移数据，因此需要提前在配套软件 Sbgcenter Application 中将传感器输出数据设置为只包括升沉位移数据，升沉位移数据是一个 32 位浮点型数据，即 8 个字节。所以每一帧数据中包括 16 个字节，第 6～13 个字节是需要读取的位移数据。

（2）数据读取与处理。

数据从 USB 口读取后需要由相应的程序处理，利用基于 Qt 的串口处理程序可以实现。由于 Qt 函数库中并不包含串口处理程序，因此需要用到第三方库，主要操作步骤如下。

①下载名为 qextserialbase、qextserialport 和 win_qextserialport 的头文件和源文件，并添加至工程目录中。

②新建串口对象，并初始化参数：波特率 115200 bps，8 位数据位，1 位停止位，无校验位，端口为 COM1。

③打开串口对象。

④读取串口对象数据。

在读取数据时，读取每一帧的第 6～13 个字节，这 32 位的数据就表示一个浮点型数据，遵循 IEEE 754 协议，因此还需根据此协议将这个 32 位二进制数据转换成浮点型数据。

（3）实时绘制曲线。

在实时绘制曲线时，需要用到第三方库 qcustomplot。步骤如下。

①下载 qcustomplot.h 和 qcustomplot.cpp 文件，并添加至工程目录中。

②在设计模式下，将 widget 提升为 QCustomplot。

③新建 QVector 容器，将传感器数据传递至 QVector 中。

④用 addGraph()函数增加一个绘图。

⑤用 setData()函数将 QVector 容器中的数据添加至绘图中。

⑥打印绘图。

至此,即完成了传感器数据的读取与曲线实时绘制。

3)上位机控制系统软件

上位机控制系统的软件界面包括两个主界面,分别为控制区软件界面和图表区软件界面,如图 6-12 和图 6-13 所示。

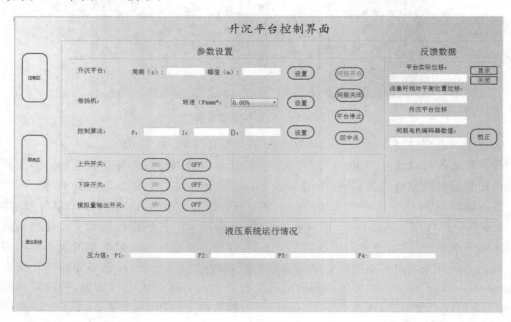

图 6-12　上位机控制区软件界面

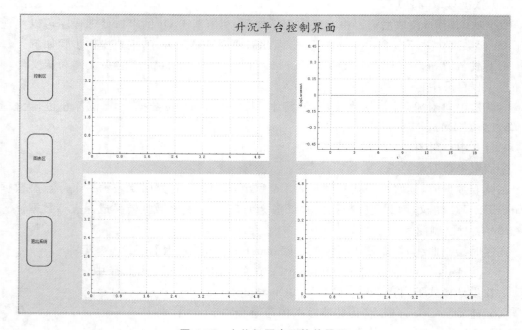

图 6-13　上位机图表区软件界面

5. 升沉补偿试验平台

试验平台实物如图 6-14 至图 6-16 所示。其中图 6-14 所示是平台全貌,图 6-15 所示是控制柜,图 6-16 所示是液压站。

图 6-14 升沉试验平台

图 6-15 控制柜

图 6-16 液压站

6.2 水下机械臂捕获作业试验系统

以验证机械臂末端跟踪模拟航行器(UUV)的轨迹的控制算法的有效性为重点。当 UUV 运动至距离机械臂较近的位置时,机械臂末端开始对 UUV 进行位置跟踪,在跟踪过程中,根据机械臂末端的实时位置和 UUV 的实时位置,通过机械臂逆运动学及控制算法求解出机械臂各个关节所需的控制力矩,并将控制力矩对应地输入给机械臂的各个关节,从而达到机械臂末端对 UUV 进行跟踪的目的。

由于研究的对象为水下机械臂系统,因此该试验平台需具有机械臂系统、模拟 UUV 系统及环境模拟系统。水下环境复杂,干扰因素较多,由于六自由度平台具有在空间任意方向运动的特性,因此选取六自由度平台搭建环境模拟系统。为了让 UUV 能够按照指定的方式进行运动,模拟 UUV 系统采用了 2 个滑台对 UUV 进行平面上两个方向的控制。试验平台总体设计图如图 6-17 所示。

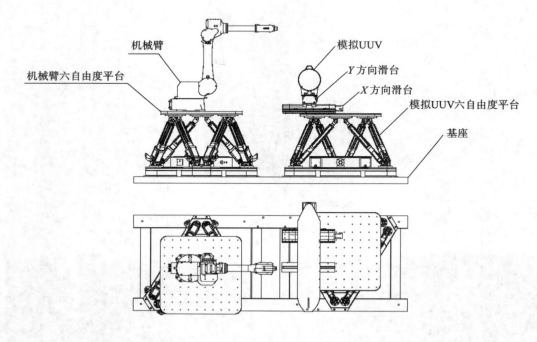

图 6-17　试验平台总体设计图

如图 6-17 所示,环境模拟系统为 2 个六自由度平台,该六自由度平台的底座与平台之间由 6 个伺服电动缸连接,依靠 6 个电动缸的相互配合实现了平台在 X、Y、Z 3 个方向上的移动和绕 3 个轴的转动,在试验过程中不仅可以通过控制平台的运动模拟水下的运动环境,还可以通过控制平台对机械臂系统施加外界干扰。2 个平台上分别放置了机械臂系统和模拟 UUV 系统,机械臂的各个关节分别由 6 个伺服电动机控制,模拟 UUV 系统由一个模拟 UUV、X 方向滑台和 Y 方向滑台构成,X 方向滑台安装于六自由度平台表面,Y 方向滑台安装于 X 方向滑台上,模拟 UUV 安装于 Y 滑台上,通过与六自由度平台的配合,模拟 UUV 即可完成在 X、Y、Z 3 个方向上的运动。

试验过程中,取模拟 UUV 艇身上的特定点为对接点,研究机械臂末端跟踪该点的轨迹的情况。取机械臂基座中轴线与六自由度平台表面的交点为坐标系原点,以机械臂基座中轴线为 Z 轴,以与 X 方向滑台平行的直线为 X 轴建立试验平台坐标系,确定机械臂末端的初始位置和模拟 UUV 上对接点的位置,并将该位置设定为机械臂和模拟 UUV 的初始位置。模拟 UUV 在 X、Y、Z 3 个方向上的运动可通过 2 个滑台和六自由度平台的配合完成。根据伺服驱动器编码器的数据可得到对接点的实时位置;机械臂各个关节的运动情况也可通过读取机械臂伺服电动机的编码器数据获得。将对接点的位置信息进行机械臂逆运动学分析后可得到机械臂各个关节的期望运动角度,结合机械臂各个关节电动机实际的运动情况,通过控制器的计算,得到机械臂各个关节所需的控制力矩,从而完成机械臂末端对模拟 UUV 上对接点的跟踪。

6.2.1 控制系统的设计

机械臂模拟试验平台的控制系统如图 6-18 所示。

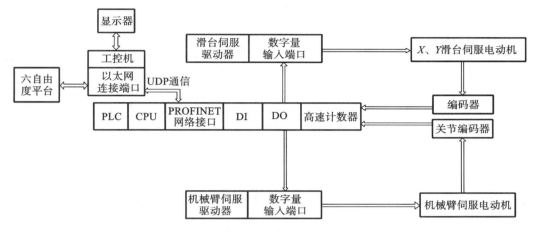

图 6-18 试验平台控制系统

如图 6-18 所示,控制系统的上位机为工控机,下位机为 PLC,上位机与 PLC 之间采用 UDP 通信,使用西门子 S7-1200 PLC,该型号有两个网络连接端口,用于上位机与 PLC 之间的通信及 PLC 与 PLC 之间的通信。

机械臂各个关节的动力源及模拟 UUV 的动力源均为伺服电动机,每个伺服电动机分别由一个伺服驱动器控制。改变 PLC 数字量输出端口的状态,可控制伺服电动机的开启和报警等功能,同时伺服驱动器内部的限位开关可以与 PLC 的数字量输入端口相连,向 PLC 反馈伺服电动机的状态,伺服电动机的实际位移则可通过电动机内部的编码器进行测量。

控制系统的整体设计思路为:试验人员设计模拟 UUV 的运动路线后,在上位机上设定模拟 UUV 的运动参数和控制器的参数,上位机通过 UDP 通信将信息传入 PLC,PLC 通过向伺服驱动器发送脉冲的方式来控制伺服电动机的运动,从而使模拟 UUV 按期望的运动轨迹运动,同时伺服电动机内部的编码器将伺服电动机的位移数据实时传输给 PLC,PLC 再将该数据发送至上位机进行处理,经过机械臂逆运动学的计算后得出机械臂各个关节的期望运动角度,与此同时,机械臂关节驱动器内部的编码器也会实时将关节的位移量发送给 PLC,从而得到机械臂各个关节的实际运动值。对比机械臂各个关节的实际运动角度和期望运动角度,由控制器处理后得到各个关节的调整值,上位机通过 PLC 将调整值传输给机械臂各个关节驱动器使机械臂开始运动,如此循环,就形成了一个闭环反馈控制系统。

6.2.2 下位机连接

本试验平台所用的机械臂、滑台及六自由度平台的动力源均为伺服电动机,驱动元件均为伺服驱动器,其中滑台所用的伺服驱动器为松下 A6 型驱动器,机械臂关节驱动器为台达 ASD-A2 型驱动器,两种驱动器在使用位置模式的时候配线方式差别不大,这里以 A6 型驱动器为例,其驱动器的配线图如图 6-19 所示。

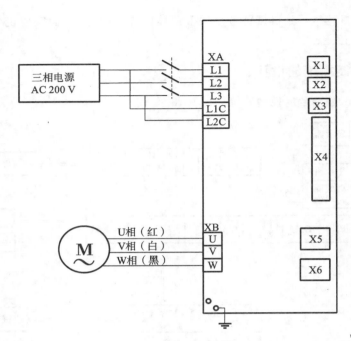

图 6-19 伺服驱动器整体配线图

伺服驱动器的其他端口均为与外部设备的连接端口。X1 为连接个人计算机的端口；X2 为串口通信端口，该端口提供了 RS-232 和 RS-485 两种串口通信方式；X3 端口为外接系统急停按钮的端口，按下按钮后驱动器内部发往电源模块的驱动信号会被切断，从而使电动机停车；X4 端口为驱动器与控制器的连接端口，两个滑台采用的是位置控制模式，在使用位置控制模式的时候，X4 端口的配线图如图 6-20 所示；X5 端口为驱动器与传感器的连接端口；X6 端口为连接伺服电动机内部编码器的端口，X6 端口主要与伺服电动机内部的光电编码器相连，伺服电动机内部编码器的数据可以通过 X6 端口传输至伺服驱动器。

在调试过程中难免会出现故障和问题，针对伺服电动机不能正常运行的问题，需要先检查驱动器线路是否松动，电源电压是否变化和配线是否准确等，再根据伺服控制器前面板显示的报警代码查找问题。下面对伺服电动机调试过程中出现的报警代码进行分析和总结。

1）报警代码 16.0

前面板显示的报警代码为 16.0，说明伺服电动机实际工作的转矩值超过了电动机内部设定的过载保护极限，发生了过载保护，可能是系统供电不足、伺服电动机长时间工作等原因导致的，检查驱动器配线无误后重启驱动器，并为驱动器单独提供一个 24 V 电源，系统能够正常运行。驱动器报警的原因为：系统中需要供电的设备众多，而使用的电源较少，导致伺服驱动器供电不足，伺服电动机不能提供很大的转矩，从而导致过载。

2）报警代码 18.0

前面板显示的报警代码为 18.0，说明伺服电动机产生的电能超过了再生电阻的处理能力。导致驱动器报警代码为 18.0 的原因有三种：外置电阻动作界限被限制为 10% 的占空比，伺服电动机的转速过快导致伺服电动机在规定时间内降速所产生的电能过大，负载惯量大导致在减速过程中形成的再生能量使整流器电压上升。一般情况下，该类报警都是由于伺服电动机的转速过快而导致的，降低电动机转速或者额外增加外置电阻即可消除报警。

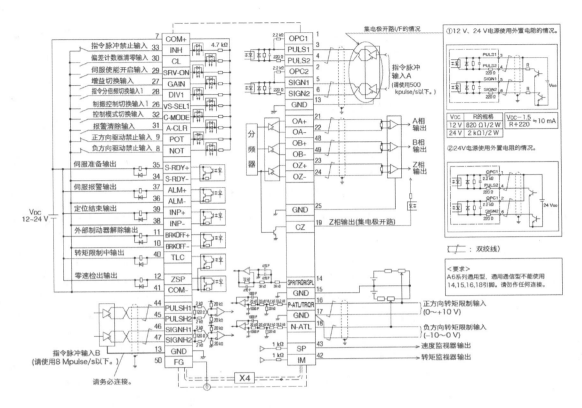

图 6-20 位置控制模式下 X4 端口配线图

PLC 的漏型输入电路(NPN 型)和源型输入电路(PNP 型)是根据公共端电流的流入方向来区分的。PLC 的漏型输入电路是将外部电路的正极与 PLC 的输入端相连,使得电流从 PLC 的输入端流入,从公共端口(COM 口)流出,接线方式如图 6-21 所示。

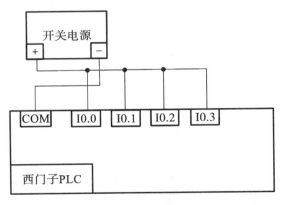

图 6-21 西门子 PLC 漏型输入电路接线方法

PLC 的源型输入电路是将外部电源正极与 PLC 的公共端口(COM 口)相连,从而使得电流从 PLC 的公共端流入,从输入端流出,如图 6-22 所示。

世界上生产 PLC 的厂商众多,产品大致可分为欧系 PLC(以西门子 PLC 为代表)和日系 PLC(以三菱和欧姆龙 PLC 为代表),日系 PLC 和欧系 PLC 关于"漏型输入"和"源型输

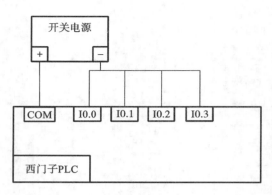

图 6-22　西门子 PLC 源型输入电路接线方法

入"的概念有所不同。日系 PLC 的"漏型输入"和"源型输入"的接线方式恰好与欧系 PLC 的相反,即日系 PLC 的"漏型输入"概念与欧系 PLC 的"源型输入"相同。

　　本试验平台所用的 PLC 的电源输入方式为 PNP 型,而伺服驱动器为松下 A6 型驱动器,驱动器的电源输入方式为 NPN 型,该驱动器的接线方式与接线图默认与日系 PLC 的相同。根据两款 PLC 内部输入电路的不同及 X4 端口配线图,在实际接线的时候需要将 24 V 电源的正极接到伺服驱动器的 COM－端口,24 V 电源的负极接入伺服驱动器的 COM＋端口。根据实际需要,西门子 PLC(1215C)与松下 A6 型驱动器的具体接线方式为:伺服驱动器的 1 号引脚、2 号引脚接西门子 PLC 的输出,4 号引脚和 6 号引脚接 24 V 电源的负极,使得 PLC 能够顺利地给伺服驱动器发送脉冲达到控制电动机运行的效果;另外,驱动器的 29 号引脚、31 号引脚需要和 PLC 的输出端相连,以实现伺服电动机的使能开启和报警清零。

　　当使用光电编码器测量位移和速度的时候,通常使用 A/B 计数器脉冲工作模式,该模式的计数原理如图 6-23 所示。

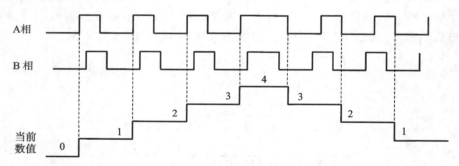

图 6-23　A/B 计数器脉冲工作模式计数原理

　　由于编码器是 NPN 型输出的编码器,编码器的 A 相和 B 相输出的信号为负信号,所以 PLC 上的 1M 端口要与 24 V 电源的正极相连,此举是为了保证 PLC 的 1M 端口与输入端口之间有 24 V 的电压,使编码器能够正常运行。

　　编写 PLC 的通信程序时,首先在开放式用户通信中找到"TCON"模块,该模块用于 PLC 建立网络通信,在该模块中设置 PLC 的地址和端口号并选择 UDP 通信,如图 6-24 所示,然后创建三个数据块(DB 块),这三个数据块分别用于储存上位机的 IP 地址和端口号(见图 6-25)、接收数据和发送数据,然后在通信模块中将"TUSEND"和"TURCV"模块放入主函数,这样就实现了 PLC 与上位机的通信。

图 6-24 PLC 地址与端口号的设置

名称	数据类型	起始值
▼ Static		
▼ REM_IP_ADDR	Array[1..4] of USInt	
REM_IP_ADDR[1]	USInt	192
REM_IP_ADDR[2]	USInt	168
REM_IP_ADDR[3]	USInt	0
REM_IP_ADDR[4]	USInt	2
REM_PORT_NR	UInt	2001
RESERVED	Word	16#0

图 6-25 上位机地址与端口号的设置

6.2.3 上位机软件系统

试验流程可分为准备阶段、参数设置阶段和试验阶段。在准备阶段需要给试验平台的设备通电,使伺服电动机处于开启状态,并将机械臂、模拟 UUV 和六自由度平台初始化,使机械臂末端、对接点和六自由度平台处于初始状态,检查机械臂末端的实际位置和对接点的实际位置是否正确。试验开始前需要进行参数设置,为了研究机械臂末端对不同运动轨迹的跟踪效果,需要对模拟 UUV 进行参数设置,除此之外,还可以通过在干扰系统中设置参数以达到使机械臂在不同环境下工作的试验效果。在参数设置完成后开始试验阶段,在试验阶段需要进行跟踪监控和状态监控,跟踪监控区能够实时显示机械臂末端和对接点的实际位置,并将机械臂和对接点在 X、Y、Z 三个方向上的位移关于时间的函数曲线分别用不同的颜色动态显示在图表中,状态监控区能够实时显示和存储各个伺服电动机编码器的数据。试验结束后,需要关闭所有伺服电动机才能退出系统。整体试验流程如图 6-26 所示。

上位机系统软件主要用于对机械臂和模拟 UUV 进行控制和监控,在试验平台的搭建阶段,上位机软件用于调试,检测伺服电动机能否正常运行,以及机械臂和模拟 UUV 能否按照期望运动轨迹运动,试验平台搭建完成后上位机软件主要用于机械臂运动状态的监控和控制算法的验证。

整个上位机软件主要包括控制模块、监控模块、数据处理与存储模块和通信模块四个部分,其功能结构如图 6-27 所示。

控制模块分为手动控制、自动控制和参数设定。手动控制主要用于前期试验平台的调试,采用手动控制时,可以对一个或多个伺服电动机发送指令,试验人员可通过发送期望的运动方式检测伺服电动机是否正常工作;自动控制用于控制算法的验证,采用自动控制时,先设定模拟 UUV 的运动形式与六自由度平台的工作方式,点击开始运动后,机械臂末端即可对对接点进行轨迹跟踪。

数据处理与存储模块分为机械臂关节电动机的数据处理和机械臂末端及对接点的位置数据存储。上位机接收到机械臂关节电动机编码器的数据后需要通过机械臂正运动学求解出机械臂末端的位置;同时,在给定机械臂末端的位移量后,上位机需要通过机械臂逆运动学求解出各个关节电动机的位移量。在得到机械臂末端的位置信息和对接点的位置信息

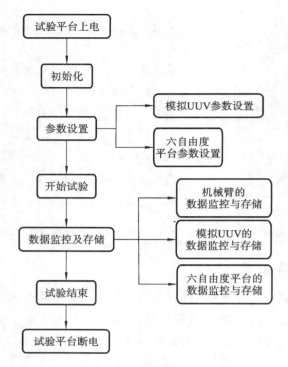

图 6-26　试验流程

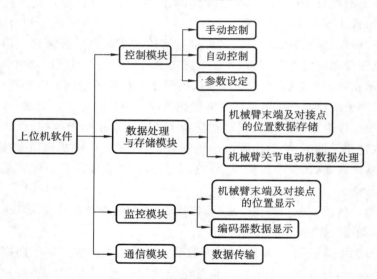

图 6-27　上位机软件功能结构

后,需要将该数据以 txt 文件的形式存储在计算机硬盘中,以供后续试验人员进行分析。

　　监控模块分为机械臂末端及对接点的位置显示和编码器的数据显示。下位机传送给上位机的数据分别为:机械臂关节电动机编码器数据、滑台电动机编码器数据及六自由度平台电动机编码器数据。上位机接收数据后显示框内会显示数据。除了将接收的数据显示出来之外,为了更清楚地显示机械臂末端的轨迹跟踪情况,上位机还需要根据机械臂末端的位置信息和对接点的位置信息绘制动态图表,以显示机械臂末端与模拟 UUV 在 X、Y、Z 3 个方向上的位移情况,以便试验人员更加直观地观测机械臂末端的跟踪情况。在 Qt 中绘制实时曲线需要在第三方网站中下载 qcustomplot 库,并将 qcustomplot.h 和 qcustomplot.cpp 文件添加至工程项目中,然后创建容器 QVector,并将接收的数据存入 QVector 中,利用 addGraph()函数创建绘图,用 setData()函数将 QVector 中的数据添加到绘图中,最后将绘图打印出来。

通信部分起着传输上、下位机数据的作用,上位机在接收编码器数据的同时,需要将机械臂末端的位移指令、对接点的位移指令和环境参数发送给下位机。

上位机与下位机之间采用 UDP 通信方式通信,基于 Qt 的 UDP 网络通信开发首先要在头文件中添加<QtNetwork/QUdpSocket>,然后声明套接字(主机的 IP 地址和端口号)和创建槽函数,并在源文件中将套接字初始化,利用 bind()函数绑定 IP 地址和端口号,用 connect()函数将信号与槽函数相连,最后用 readDatagram()函数和 writeDatagram()函数接收和发送数据。

根据传输数据类型的不同对传输的数据进行分类,并分配不同的端口号,结合实际要求,试验平台需要的数据有以下类型:机械臂伺服电动机编码器数据、滑台伺服电动机编码器数据和六自由度平台伺服电动机编码器数据。为了将接收的数据与发送的数据区分开来,将上面三类数据分配 6 个端口号。本试验平台分配的端口号如表 6-5 所示。

表 6-5 端口号的分配及数据内容

端 口 号	ID 号	数 据 大 小	数 据 内 容
2001	1	6 个字节	接收机械臂伺服电动机编码器的数据
2002	2	2 个字节	接收滑台伺服电动机编码器的数据
2003	3	6 个字节	接收六自由度平台伺服电动机的编码器数据
2004	4	12 个字节	发送给六自由度平台伺服电动机的参数信号
2005	5	4 个字节	发送给滑台伺服电动机的参数信号
2006	6	6 个字节	发送给机械臂伺服电动机的参数信号

基于 Qt 平台开发上位机软件系统。软件系统界面分为三个主要的页面,即控制区页面、跟踪监控页面、状态监控页面,如图 6-28 所示。控制区页面又分为模拟 UUV 控制区、机械臂系统控制区、模拟 UUV 平台控制区及机械臂平台控制区,主要用于实现系统各部件的控制参数设置、控制以及系统整体控制。控制模式则可分为手动控制和自动控制,其中,手动控制用于系统伺服电动机的调试,自动控制用于控制算法的验证。跟踪监控页面用于监控对接点和机械臂末端的实时位置,让试验人员能够更直观地读取机械臂末端的轨迹跟踪情况,如图 6-29 所示。状态监控页面则用于监控各个伺服电动机的工作状态,读取并保存伺服电动机的数据,并实时显示各部件的状态数据曲线,方便试验人员进行后续的数据处理工作,如图 6-30 所示。

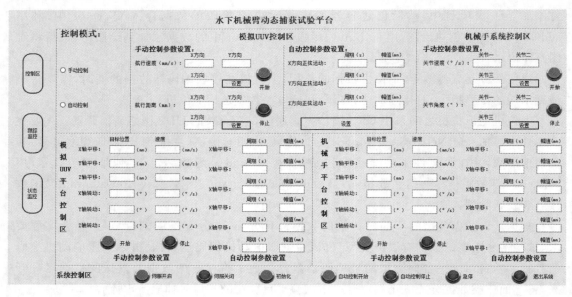

图 6-28　软件系统界面

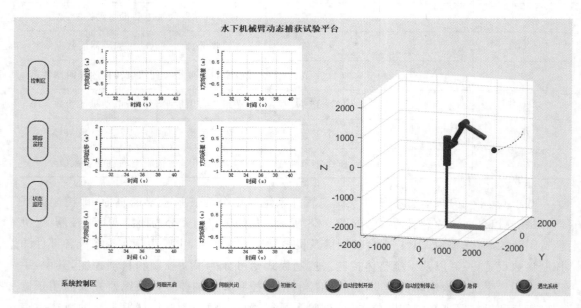

图 6-29　上位机跟踪监控界面

6.2.4　平台实物

试验平台如图 6-31、图 6-32 所示,具体包括控制柜、机械臂、模拟 UUV 系统、六自由度平台及控制柜等。

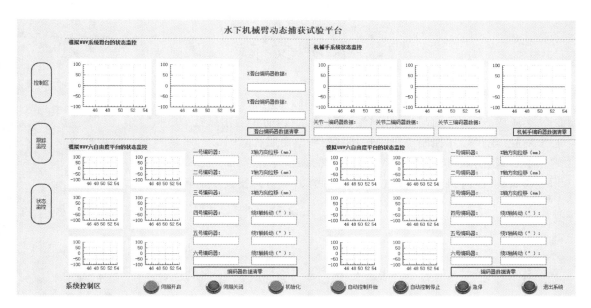

图 6-30　上位机状态监控界面

图 6-31　模拟 UUV 系统及六自由度平台

图 6-32　机械臂系统及六自由度平台

参 考 文 献

[1] 胡寿松.自动控制原理[M].6版.北京:科学出版社,2018.

[2] 李殿璞.船舶运动与建模[M].2版.北京:国防工业出版社,2008.

[3] 刘胜.现代船舶控制工程[M].北京:科学出版社,2010.

[4] 蔡自兴,谢斌.机器人学[M].3版.北京:清华大学出版社,2015.

[5] 杨农林.深海机械与电子技术[M].武汉:华中科技大学出版社,2015.